城镇供水行业职业技能培训教材

供水稽查员

浙江省城市水业协会
浙江省产品与工程标准化协会 组织编写

中国建筑工业出版社

图书在版编目（CIP）数据

供水稽查员/浙江省城市水业协会，浙江省产品与工
程标准化协会组织编写. —北京：中国建筑工业出版
社，2019.1（2023.7重印）
城镇供水行业职业技能培训教材
ISBN 978-7-112-24624-3

Ⅰ. ①供… Ⅱ. ①浙…②浙… Ⅲ. ①城市供水-
供水管理-技术培训-教材 Ⅳ. ①TU991

中国版本图书馆 CIP 数据核字（2020）第 012017 号

本教材是根据《城镇供水行业职业技能标准》CJJ/T 225—2016，结合《住房
城乡建设行业职业工种目录》（2017）以及供水行业的特点，坚持理论联系实际的
原则，由专业人员集体编写而成。

全教材共分八章，从供水稽查工作的实际需求出发，系统地介绍了业务受理、
水价与水费、水表计量、服务质量、违章违约用水、管网漏损控制等方面的知识。
本教材对供水稽查工作的法律法规、基础知识、稽查方式和处置措施等做了深入
详尽的描述，内容简明扼要、逻辑清晰、图文并茂、文字通俗易懂，对稽查工作
具有实际指导意义。

本教材可用于浙江省供水行业职工的岗前培训和职业技能素质提高培训，同
时也可作为职业技能鉴定的参考资料。

责任编辑：司　汉
责任校对：赵　菲

城镇供水行业职业技能培训教材
供 水 稽 查 员
浙 江 省 城 市 水 业 协 会
浙江省产品与工程标准化协会　组织编写

*

中国建筑工业出版社出版、发行（北京海淀三里河路9号）
各地新华书店、建筑书店经销
霸州市顺浩图文科技发展有限公司制版
建工社（河北）印刷有限公司印刷

*

开本：787×1092 毫米　1/16　印张：6　字数：147 千字
2020 年 6 月第一版　　2023 年 7 月第二次印刷
定价：**26.00** 元
ISBN 978-7-112-24624-3
（35321）

《城镇供水行业职业技能培训教材》编写委员会

主　　任：赵志仁

副 主 任：柳成荫　徐丽东　程　卫　刘兴旺

委　　员：方　强　卢汉清　朱鹏利　郑昌育　查人光

　　　　　代　荣　陈爱朝　陈　柳　邓铭庭

参编单位：杭州市水务集团有限公司

　　　　　宁波市供排水集团有限公司

　　　　　温州市自来水有限公司

　　　　　嘉兴市水务投资集团有限公司

　　　　　湖州市水务集团有限公司

　　　　　绍兴市公用事业集团有限公司

　　　　　绍兴柯桥水务集团有限公司

　　　　　金华市水务集团有限公司

　　　　　浙江衢州水业集团有限公司

　　　　　舟山市自来水有限公司

　　　　　台州自来水有限公司

　　　　　丽水市供排水有限公司

　　　　　浙江省长三角标准技术研究院

本书编委会

主　　编：朱鹏利

副 主 编：童秀华　徐国华

参　　编：骆　奇　张小卫　任京育　马瑜倩　吴建强

　　　　　胡　栋　陈　炎　张兴友　金建平

序

为贯彻落实《中共中央　国务院关于印发〈新时期产业工人队伍建设改革方案〉的通知》和中央城市工作会议精神，健全住房城乡建设行业职业技能培训体系，全面提高住房城乡建设行业一线从业人员的素质和技能水平，根据《住房城乡建设部办公厅关于印发住房城乡建设行业职业工种目录的通知》（建办人〔2017〕76号）和《城镇供水行业职业技能标准》CJJ/T 225—2016要求，结合供水行业的特点，浙江省城市水业协会和浙江省产品与工程标准化协会组织编写了《城镇供水行业职业技能培训教材》。

本套教材共9册，分别为《水质检验工》《供水管道工》《供水泵站运行工》《供水营销员》《供水稽查员》《供水客户服务员》《供水调度工》《自来水生产工》《机电设备维修工》。

本套教材结合供水行业的特点，理论联系实际，系统阐述了城镇供水行业从业人员应掌握的安全生产知识、理论知识和操作技能等内容。内容简明扼要，定义明确，逻辑清晰，图文并茂，文字通俗易懂。对提升城镇供水行业从业人员职业技能素质具有重要意义。

本套教材编写过程中参考了有关作者的著作，在此表示深深的谢意。

本套教材内容的缺点和不足之处在所难免，希望读者批评、指正。

浙江省城市水业协会
浙江省产品与工程标准化协会

前　　言

为贯彻落实《中共中央、国务院印发〈新时期产业工人队伍建设改革方案〉》的通知和中央城市工作会议精神，健全住房城乡建设行业职业技能培训体系，全面提高住房城乡建设行业一线从业人员素质和技能水平。现结合住房和城乡建设部结合各地培训需求制定的《住房城乡建设行业职业工种目录》（2017），依据《城镇供水行业职业技能标准》CJJ/T 225—2016以及供水行业的特点，由绍兴市公用事业集团有限公司组织编写了《城镇供水行业职业技能培训教材》的分册《供水稽查员》。

供水稽查的工作是供水工作中不可或缺的重要组成部分，对促进管理规范化、规避管理漏洞、有效防范和化解工作中的各类风险、切实维护供用水双方权益、提升行风服务水平等具有重大意义。

本书结合日常稽查工作实践，比较系统地介绍了业务受理、水价与水费、水表计量、供水服务质量、违章违约用水、供水管网漏损控制等6个方面的法律法规、基础知识、稽查方式和处置措施。书中内容简明扼要、逻辑清晰、图文并茂、文字通俗易懂，为更好地指导供水稽查人员规范有序开展稽查工作指明了方向。

本书由绍兴市公用事业集团有限公司朱鹏利主编，参加编写的人员有童秀华、徐国华、骆奇、张小卫、任京育、马瑜倩、吴建强、胡栋、陈炎、张兴友、金建平。

本书在编写过程中，得到了浙江省水业协会、绍兴市公用事业集团有限公司领导、供水专业人士以及同行的大力支持。在此，表示诚挚的感谢！

由于编写组水平所限，书中还存在许多不足，恳请各位同行业专家以及读者批评指正，使本书在使用中不断提高和日臻完善。

目　　录

第一章　概述 ·· 1

第一节　供水稽查的产生与意义 ······································· 1

第二节　供水稽查的目的、作用与重要性 ························ 2

第三节　供水稽查机构与人员条件 ·································· 4

第二章　业务受理稽查 ··· 8

第一节　业务报装稽查 ·· 8

第二节　用户业务变更稽查 ··· 13

第三章　水价与水费稽查 ·· 18

第一节　水价稽查 ·· 18

第二节　抄表稽查 ·· 19

第三节　核算稽查 ·· 22

第四节　水费回收稽查 ··· 22

第四章　水表计量稽查 ·· 23

第一节　计量器具选型稽查标准 ···································· 23

第二节　计量器具安装点设施完好率稽查 ······················ 27

第三节　远传表数据质量监控与稽查 ····························· 30

第四节　计量器具周检稽查 ··· 32

第五节　计量器具资产管理稽查 ···································· 34

第五章　供水服务质量的稽查 ·· 39

第一节　供水服务时限稽查 ··· 39

第二节　供水质量稽查 ··· 40

第三节　窗口服务稽查 ··· 41

第四节　信息服务稽查 ··· 42

第五节　故障抢修稽查 ··· 42

第六节　规范停水稽查 ··· 42

第七节　投诉举报稽查 ··· 43

第六章　违约用水稽查 ·· 44

　　第一节　违约用水查处工作稽查 ··· 44

　　第二节　盗用城市供水查处工作稽查 ··· 46

第七章　供水管网漏损稽查 ··· 49

　　第一节　概述 ·· 49

　　第二节　DMA、总分表漏损稽查 ·· 50

　　第三节　供水管网检漏稽查 ··· 55

　　第四节　漏点产生原因的专项稽查 ··· 60

第八章　稽查案例解析 ··· 62

　　第一节　业务受理稽查实例 ··· 62

　　第二节　水价与水费管理稽查实例 ··· 62

　　第三节　服务质量稽查实例 ··· 63

　　第四节　违约用水、盗用城市供水稽查实例 ································· 64

　　第五节　供水管网漏损稽查实例 ··· 64

附录 ··· 66

　　附录一　《用水性质调整通知》 ··· 66

　　附录二　《用水监察通知书》 ··· 67

　　附录三　《城市供水条例》 ··· 68

　　附录四　《浙江省城市供水管理办法》 ·· 71

　　附录五　《绍兴市城市供水管理办法》 ·· 76

　　附录六　《城市供水价格管理办法》 ··· 79

参考文献 ·· 87

第一章

概　述

第一节　供水稽查的产生与意义

1. 供水稽查的产生

水资源作为推动国民经济与社会发展的重要能源之一，也是人类赖以生存、不可或缺的重要条件。改革开放以来，我国社会经济得到了快速发展，伴随国民生活水平提高，城市规模扩大，城市向自然水资源索取的水量大大增加，同时城市发展带来的水污染也使得作为可用水源的水量逐年减少，从而使得供水成本不断提升、不同区域的城市供水供需矛盾不断凸显。供水企业在此形势下如何发展与管理就显得尤为重要。供水稽查的产生和存在就是由供水企业的发展和经营的需求所决定的。

科学完善的规章制度和质量管理体系是企业高效运行的基础，加强监督管理是保证企业执行力有效推行的重要手段。任何一个企业在发展管理过程中，无论计划制定得多么周密，制度修订得如何严谨，但由于各种人为与自然因素，在实施过程中或多或少都会出现意外情况，在执行计划的过程中也会出现与制定的计划、规范不一致的情况发生。因此，企业必须通过有效的控制管理手段去进行监督、检查，对稽查过程中产生的偏差及时采取措施并加以修正。供水稽查工作正是去监督、检查、控制供水企业营销工作全过程及各环节的工作情况，能够主动、及时地发现问题、解决问题，使得营销执行过程尽可能地与计划的理想状态达到统一。进而通过形成有效的监督机制和激励机制，不断完善内部管理，促使营销各环节工作按时、有序、保质完成。

供水企业面向不同的用水户，而不同的用户会有不同的用水需求，用水性质、水费计价、计量工具的选择等也各不相同，这些差别变化同样会给日常营销工作也会带来难度，必然要求供水企业对各项业务工作进行适时的检查、调整。供水稽查是为了适应用户的需求变化。供水稽查重点通过对营销业务、营销服务全过程的检查，可以发现系统性、趋势性的变化，以便及时调整营销策略和修改相关规章制度，以适应用户需求的变化。

基于上述情况，为了加强供水管理工作，提高供水营销工作的质量和管理水平，自来水经营企业经过多年的探索与实践，稽查人员深入供水营销管理工作的各个环节，运用科学的管理手段与方法，在不断实践中摸索出一套完整的供水稽查方法，在营销管理体制建设中，逐步建立了较为完整的供水稽查体系。

为了加强城市供水管理，发展城市供水事业，保障城市生活、生产用水和其他各项建设用水，《城市供水条例》于 1994 年 7 月 19 日国务院令第 158 号发布，自 1994 年 10 月 1 日起施行。该条例总共七章共计三十八条，条款详细地介绍了城市供水的内容。对于城市供水水源、城市供水工程建设、城市供水经营、城市供水设施维护，以及违反条例所应受的处罚等都做了详细说明。各省及设区市结合当地实际情况，也陆续制定了相关管理办法和实施细则。如浙江省人民政府于 1999 年 1 月 15 日发布了《浙江省城市供水管理办法》，补充并细化了节约用水、供水安全、供水企业和用户的合法权益等方面相关内容，该办法于 2005 年 12 月进行了修订。绍兴市人民政府也于 2003 年 5 月 1 日发布了《绍兴市城市供水管理办法》，其中在供用水合同、计量管理、抄表收费、产权维护、违法违规处置等方面进行了进一步细化，从法律、法规层面使营业稽查工作得以进一步保障。

2. 供水稽查的意义

现代企业为适应经济、社会及自身的发展，其管理模式是在不断调整和改变的。供水稽查作为供水企业内部管理的有效手段之一，是针对供水营销各环节开展的全方位稽查工作，通过稽查来监督、检查、控制供水营销工作全过程及各个环节，主动、及时地发现问题、暴露问题和解决问题，保证供水营销工作各环节按时、有序、保质完成。供水企业设立供水稽查机构并定期开展供水营销各个环节的监督与检查工作，能有效提高工作质量，提升供水企业经营管理水平和经济效益，促进企业员工廉洁奉公、遵纪守法，提升供水企业社会形象，进一步健全和完善自我约束机制，对于供水行业后续的可持续稳定发展具有非常重要的意义。

依据行业法规正确开展供水稽查工作，是加强和规范供水企业日常管理的必备方法。开展供水稽查工作对于供水企业加强营销全过程质量监督，强化内部管理，夯实工作基础，增收堵漏，提高企业经济效益有着积极的作用。

第二节　供水稽查的目的、作用与重要性

1. 供水稽查的目的

供水稽查是供水营销工作重要内容之一，不仅关系到供水企业的自身利益和形象，也关系到用户的切身利益。

为维护供水企业和个人的利益，根据行业法规要求，必须对内部各个环节进行稽查监督，督促企业营销各环节进行稽查，通过稽查方法对供水方案是否合理、计量方式和计量装置安装是否正确、水费执行情况是否正确、水费是否及时足额回收、供用水合同的签订是否保护双方合法权益、供水手续内部流转是否通畅等企业经营管理实施行为进行稽查，稽查结果逐级反映。帮助供水营销人员开展工作，及时发现供水营销差错，分析问题产生的原因，提出整改意见，制定防范措施。

加强供水企业的内部环节管理，改正在营销过程中所出现的问题，确保供水企业的政策和对于日常工作的标准进行贯彻与落实。有效改进工作质量，使供水营销工作适应市场经济的需要，达到加强企业各营销环节的监督管理，提高工作效率和社会服务效果的

目的。

2. 供水稽查的作用

供水营销是供水企业的核心经营环节，稽查从最初的水费收取、水价定制开始，扩展到对整个供水营销工作进行一个全过程监督，主要起到对经营全过程的运行安全和制度执行到位的保障作用。

供水稽查是建立在合理怀疑的基础上，通过供水稽查监督机制的作用发挥，防范企业内部规章制度在执行过程中存在的差错，以达到供水稽查工作服务企业经营发展、对营销工作及制度执行及时性审查和评价的目的。

供水稽查对企业经营管理监督的具体作用主要表现在监督控制、风险预警、咨询建议等三个方面。

（1）监督控制作用

监督控制就是促进供水营销单位与个人在供水营销活动中的合法性与规范性，加强供水营销管理，提高企业经济效益，完善营销环节内控机制，减少营销环节差错，防范企业经济损失。对监督检查发现的问题和差错，提出整改意见，督促差错单位和个人完善内控机制，纠正工作中的偏差，以保证供水企业经营活动的良性循环。

（2）风险预警作用

供水企业的供水营销作为一种有目的的经营活动，在现代市场经济条件下要依靠人去完成，营销规划和内部控制制度要通过人去制定。在自然垄断的经营环境中，供水企业经营风险主要是内部控制的缺失而产生。供水稽查有必要充当风险管理自我评估者，检查发现问题并揭示产生问题的各种原因，提示供水企业潜在的经营风险，从而解决问题。

（3）咨询建议作用

供水稽查参与了供水企业内部营销全过程，对企业的各项制度执行风险防范点都有较为全面的了解。其工作具有综合性强、接触面广的特点，供水稽查人员有能力也有必要为被稽查人员提供咨询、建议、协调程序或业务等工作。

建立一套完善并且实用的供水营销管理制度，能够更好地保障供水企业内部各部门直接共同协作发展，同时，对各部门工作的正当性和公正性也能达到很好的约束与监督。

3. 供水稽查的重要性

供水营销工作质量是衡量一个供水企业营销管理水平的重要标志，是供水企业经营成功、服务质量的综合体现。

近年来，供水营销工作通过企业内部管理规范化建设，营销管理体制逐步健全，营销管理工作经验总结日渐饱满。但营销过程中，存在基础管理不到位、业务能力薄弱、员工的责任感与企业忠诚度等，对企业营销工作质量也至关重要。当企业内部缺少监督、职责不明、考核不严等情况存在，导致水费回收不到位、营销工作有责事故发生，造成部分经济损失，影响供水企业的形象。因此要加强企业内部监督体系建设，增强营销管理人员的工作责任感，提高营销管理水平和服务质量，完善企业内部工作质量控制体系，供水稽查工作就显得尤其重要。

另外，少数企业与个人为个人私欲，降低企业成本，偷水窃水的行为时有发生，节水意识淡薄，对供水企业与社会经济发展造成了较为恶劣的影响。例如 2018 年某供水公司全年处理各类违章违约用水共 32 起。其中倒供水 3 起、违章接水 12 起、消火栓违章用水

14 起、用水性质不符 1 起、装自备表用水 3 起。

因此，开展供水稽查工作，除了能更好地促进供水企业内部的发展之外，更能够保障供水企业内部的公平化、公正化、公开化；对于外界用户而言，既能保障用户的利益，维护社会经济公平，更能大大提升外界对供水企业本身的认可度与信任值。

第三节　供水稽查机构与人员条件

1. 供水稽查机构设置及工作职能

供水稽查管理机构，是对营销系统管理环节中企业经营与用户之间的营销关系进行监督，是对企业经营措施和工作质量实施监督的单位。建立和完善本单位的供水稽查体系，明确营销稽查管理机构和人员的职责与内容，有效组织开展营销稽查工作。

以某供水公司为例，管理机构设置如图 1-1 所示。

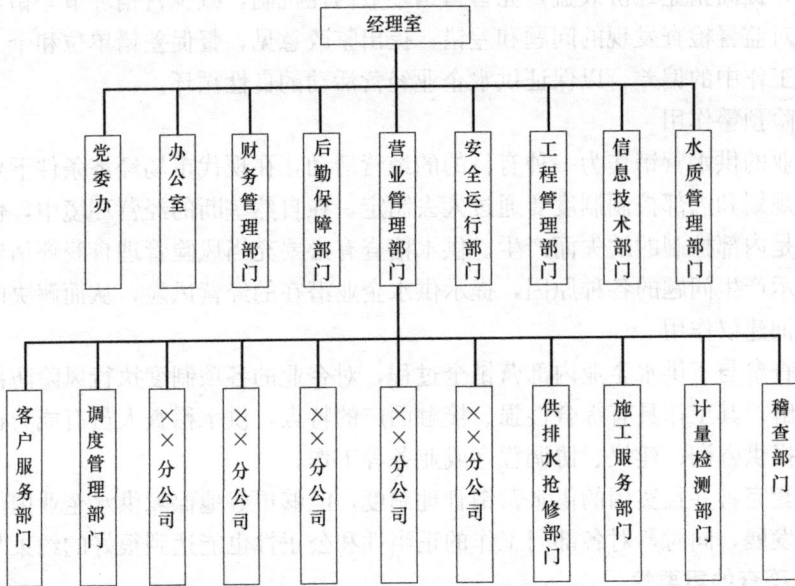

图 1-1　某供水企业管理机构设置图

相关部门职责具体如下：

（1）党委办

党委办主要负责处理公司党委和纪委日常工作；负责公司廉政建设责任制工作，指导公司基层党组织开展党风廉政建设和反腐败工作；负责公司廉政教育，推进廉政文化建设和全员普法教育；组织安排公司员工进行职业培训与教育。

（2）办公室

办公室主要负责行政日常工作和各部门、单位之间的协调工作，组织编制年、月度各类工作计划，并对执行情况进行督查；公司生产经营活动和企业管理情况开展调查研究，提出改进和完善的建议，负责公司企业管理制度（标准化）建设与管理，为公司科学决策提供依据，绩效考核办法的拟定和实施等工作。

（3）财务管理部门

财务管理处主要负责组织编制公司年度财务计划、工程建设财务计划，开展财务管理和会计核算，编制公司及非独立核算单位会计报表，组织内部财务审计，进行财务分析以及各类资金相关等工作。

（4）后勤保障部门

后勤保障部门负责公司安全生产管理，建立完善安全管理体系，制订、落实安全生产目标管理责任制，做好指导、检查、监督和考核工作。

（5）营业管理部门

营业管理部门主要负责公司供水内部各环节日常营业监察、供水营业区域划分及计量工作，营业服务流程的制定、监管及考核工作，开展业务稽查，指导、监督、考核分公司营业工作，做好营业统计、分析工作。

（6）安全运行部门

安全运行部门主要负责供水管线巡检计划编制及区域管网巡检督查，开展运行管网布局的评估与优化，管网作业现场的监管和信息收集以及管网水质管理等工作。

（7）工程管理部门

工程管理部门主要负责供水管网规划和建设改造计划，包括各类供水工程、基建工程的设计、委托设计、计变更、设计审核及施工图纸会审，各类工程项目建设的安全、质量、进度、投资全过程监管，工程前期政策处理，各类工程的立项报批、招标、合同签订、开工交底等工作。

（8）信息技术部门

信息技术部门主要负责公司信息化建设，包括公司计算机软硬件系统、网络系统的开发、应用与日常维护工作，供水数字化信息系统的开发、应用、日常维护以及 GS 信息日常管理考核等工作。

（9）水质管理部门

水质管理部门主要负责公司供水管网水质安全，包括供水管网水质检测点的水质分析和合理化布置，监督和指导区域分公司开展供水管网及用户的水质检测等工作。

（10）客户服务部门

客户服务部门主要负责供水服务质量的监察，水务热线日常运行、管理工作。

（11）调度管理部门

调度管理部门主要负责公司供水管网的综合管理，包括供水日常调度，停水作业的管理。

（12）区域分公司

区域分公司主要负责相对独立地组织开展自来水销售、用户发展、用户管理、抄表收费表务管理等经营活动，区域内管网及附属设施（含二次供水设施）的管理，重点做好DN100 以下阀门的动态管理，开展用水监察及规定范围内管网、附属设施的修理，对规定外的做好委托等工作。

（13）供排水抢修部门

供排水抢修部门负责公司供水压力管线的应急抢修工作，组织实施大口径压力管道爆管抢修方案的编制、完善与常态化应急演练工作，做好市级水务应急抢险队的日常建设和管理工作及应急抢修设备、材料的日常管理、维养工作。

（14）施工服务部门

施工服务部门负责公司发包的各类供排水工程和用户工程的施工建设；负责公司零星维修养护工程的实施；负责工程安全、质量、进度、投资等全过程管理工作。

（15）计量检测部门

计量检测部门主要负责公司计量管理工作，包括开展水表计量技术的研究与应用，水表检定工作，水表检测质量体系的建立与维护以及公司水表、流量计管理等工作。

（16）稽查部门

稽查部门负责做好供水设施安全监察，做好影响供水设施安全运行行为的阻止、取证及依法赔偿工作；负责各类偷盗水、违章用水等行为的查处工作；配合做好水价执行情况核查；协助进行水费催缴。

供水稽查工作贯穿整个供水营销活动，围绕企业营销的每一个环节开展工作，做到环环相扣。

2. 供水稽查人员的资格及工作内容

（1）稽查人员应具备的基本条件

1）供水稽查人员应该作风正派，工作踏实，廉洁奉公，坚持原则，秉公办事，对企业及岗位有较高的忠诚度，具备较高的政策水平，业务素质和工作协调能力、语言表达能力和独立处理事务的能力。

2）供水稽查人员应该熟悉《供水营销员》《城市供水价格管理办法》等法律法规以及公司的供用水规章制度。

3）供水稽查人员应熟悉所稽查的供水营销工作流程及管理标准，并具备相应的业务知识与操作能力。

4）供水稽查人员应遵守国家法律、法规以及企业规章制度，不得以权谋私，不得泄露企业相关信息。

（2）供水稽查内容

供水稽查工作内容包括稽查业务受理环节、水价与水费管理、水表计量管理、供水服务质量、违章用水以及供水管网漏损管理等工作的规范性、质量和时效性。重点稽查的关键风险点如下：

1）用户业务申请与业务报装各环节及时限控制是否按相关管理规定执行。

2）《供用水合同》的签订、履行、变更、续签等情况以及合同条款的准确性。

3）用户用水档案的建立、归档、变更、销户是否合理，用水档案记录是否与现场情况符合。

4）用户申请用水后其执行水价、抄核收方式、基本水费计算的正确性及水费回收的及时性。

5）抄表监督机制建立和执行情况以及各分公司的实抄率、抄表的准确性。

6）计量装置领用、安装、验收、更换、故障、报废处理等工作是否按照计量工作管理相关规定开展。

7）服务窗口、呼叫中心和其他从事有关营销服务工作人员的服务质量。

8）客户投诉和举报案件的处理情况。

9）计划停水、临时停水公告的管理是否按相关规定执行。

10）用水检查过程中是否严格遵守用水程序和相关法规进行，在发现问题时是否能做到有据可依，现场取证是否合法有效并突出问题的重点，是否按规定合法处理违约用水、窃水用户。

11）供水过程中总分表设置管理与分析是否合理，供水管网检漏管理是否按相关规定有序开展。

12）其他供水营销管理的稽查。

第二章

业务受理稽查

第一节 业务报装稽查

任何单位或个人要使用水，都需事先向供水企业提出申请，依法办理规定手续签订供水合同后，即成为用水户。

报装是指为单位、个人用户办理各种必需的登记手续和业务手续的过程，是供水企业向用水户销售自来水商品的受理环节。由于每一个用户的建立和发展都是从业务报装开始的，自来水营销服务与用水户的第一次接触也是从业务报装开始的，所以在整个自来水营销过程中，业务报装占据了首要位置。

业务报装是供水企业进行自来水供应和销售的重要环节，属供水企业的售前服务行为。业务报装包括居民一户一表改造、小用户新装接水、单位用户新装接水、高层住宅接水等事宜。

结合"最多跑一次"要求，业务报装一般组成的基本流程步骤为：客户申请→现场查勘设计（内部验收）→安装通水，共三个环节。有些企业，也实现了申请→安装通水，二个环节。

业务报装环节的稽查内容：包括新装用户受理审核、现场查勘设计（内部验收）审核、安装通水等项业务工作质量的稽查。

1. 报装申请受理

（1）报装申请受理

按照公司运营管理规范化要求，营业窗口直接与用户接触，执行"一口对外、内转外不转"的原则，受理各类用户申请办理工作。用户一般可通过政府服务网、公司门户网站、营业厅等渠道申请办理报装业务，可申请的业务包括用户（单位）报装工程、一户一表改造工程、城乡居民改造工程等。

报装申请书按照客户申请类别可分为单位用户自来水安装工程申请表、城乡居民自来水接水装表工程申请表、自来水一户一表改造申请表等。负责受理用水申请的营业厅人员必须根据客户提供的用水申请书和相关资料，将相关信息录入营业系统的报装系统。

自来水安装申请表是供水企业制订供水方案的重要依据，也是开展用水稽查时的重要基础资料，要求客户如实填写，内容应包括用户名称、身份信息、用户地址、用水地址、联系电话、用水用途、申办工程类别、自备水信息、消防供水方式及企业税号、开户银行等。

为执行"最多跑一次"要求，减少用户跑的次数，在申请受理时用户提供供用水合同和施工协议。如用户特殊原因，未能及时签约的，施工协议在施工前由施工人员再与用户签约，供用水合同在缴款时同时签约。

供用水合同是为明确供、用水双方在自来水供应和使用过程中的权利和义务，根据《中华人民共和国合同法》《城市供水条例》和地方城市供水管理办法等法律、法规和国家有关规定，经供、用水双方友好协商，订立本合同。供用水合同一式两份，用户和供水企业各执一份，具有同等法律效力。供用水合同一般分为单位合同、居民合同及房产公司临时性合同三种合同。供用水合同附件和经双方同意的有关修改合同的文书、电报、信件等也应作为供用水合同的有效组成部分。

居民版供用水合同应由用水人签名，委托代理的应提供用水人和代理人身份证件。单位版供用水合同必须经双方法定代表人（负责人）或委托代理人签字，代理人必须持有法定代表人（委托人）身份证明或委托代理授权书。合同加盖"供用水合同专用章"和用水人公章后才能生效。用水人及代理人的合法资格证件（身份证、法人营业执照或组织机构代码证）复印件必须附于合同后作为合同的附件。条件允许的情况下，供用水合同可以电子形式签订。

供用水合同稽查应依据：

1)《中华人民共和国合同法》、《城市供水条例》以及地方城市供水管理办法等。

2) 供水企业制定的与供水合同管理有关的制度、程序和办法。

3) 供水企业与用户在自来水供应与使用过程中形成的档案资料，包括供用水合同的补充协议等在过程中形成的各种文件档案。

（2）稽查内容与方法

1) 稽查报装接水申请受理时工作情况。

2) 稽查报装接水申请受理资料是否全面、清晰、符合申请要求。

3) 稽查营业厅是否公布办理接水业务的流程、承诺时限、收费标准及受理类别。

4) 稽查发生报装接水流程异常终止情况原因及告知情况，是否由于受理人员责任造成或者由于用户自身原因造成的。

5) 供用水合同签订稽查

① 稽查人员应当按照公司规定的各类供用水合同示范文本，对供用水合同形式与条款的完整规范性进行稽查。稽查人员采用抽样方法在各类生效的供用水合同中任意抽取，对供用水合同签订的主体等合同附件稽查。合同条款是否正确完整，重点稽查用水性质、水表口径、供用水主体盖章或签字的准确性、代办人信息等。

② 稽查合同条款在双方权利义务方面的表述是否明确严谨，不能使用会产生歧义的词语和字句。供用水合同中的必备条件不能缺省，可选条款根据实际内容进行增减，不能留有待定内容、待填写的空格及不必要可选条款，合同附件及有关资料要齐全。

③ 稽查人员对消防表供用水合同进行稽查时要查看消防供水协议，并且在供用水合同增加条款中是否写明消防水表的相关规定。

④ 稽查有无签订相应供用水合同的情况及内容错误现象，单位有无签订单位合同，居民有无签订居民合同，房产公司有无签订临时性合同。

⑤ 稽查供用水合同录入系统是否准确，是否有重复合同号现象。

⑥ 稽查供用水合同填写时有无严格按供用水合同填写说明进行操作。

6）供用水合同的形式与条款稽查

① 供用水合同分为单位合同、个人合同及房产公司临时合同等，根据用户类别签订不同的合同版本。

② 格式合同的条款，凡已有法律法规作出规定的，应按法律法规执行，现有法规未作出规定的，由供用水双方根据实际情况确定。

7）供用水合同签订的主体资格稽查

用水人在签订供用水合时，居民版供用水合同应由用水人签名，委托代理的应提供用水人和代理人身份证件。单位版供用水合同必须经双方法定代表人（负责人）或委托代理人签字，代理人必须持有法定代表人（委托人）身份证明或委托代理授权书。合同加盖"供用水合同专用章"和用水人公章后才能生效。用水人及代理人的合法资格证件（身份证、法人营业执照或组织机构代码证）复印件必须附于合同后作为合同的附件。

对于下列重要用户的《供用水合同》，分公司应建立管理台账，并报公司营业监察部门备案：月用水量在 1 万 m^3 以上的用户；有双路供水的用户；有自备水厂或自备水源的用户。

8）供用水合的签订程序稽查

供用水合同签订程序稽查，用户申请报装、用户户名变更、用水性质变更、水表口径变更均须重新签订，新用户的供用水合同应在通水前签订。分公司按合同签订说明签订，由分公司分管负责人审批签订。

合同签订后，分公司应监督对方履行合同情况，发现问题及时按合同约定及相关法律、法规协商解决。

9）供用水合同的履行稽查

稽查对供用水合同的争议包括计量争议、价格争议和违约用水争议。

稽查供用水合同履行中违约用水事实认可的合规和水费差额、违约使用水费计算是否正确。供水企业或用户违反供用水合同，给对方造成损失的，应当依法承担赔偿责任。供用水合同当事人的责任主要有用水人延期支付水费、用水人违约用水和供水人违约供水。

10）供用水合同的变更或解除的稽查

因供用水合同主体发生变更的，供用水合同必须重新签订；其他条款（水表口径变更、用水类别）发生变化的，供用水合同也须重新签订；其他内容变更原合同可不再签订，但其变更资料必须存入用户档案。

① 稽查供用水合同的变更是否及时。以上事项应及时变更供用水合同或签订补充协议。

② 稽查供用水合同的解除是否及时规范。检查终止供用水合同时，供水企业是否按相关程序及时终止与用水人的供用水合同，解除供用水关系。

③ 稽查变更或解除合同的程序是否规范，其程序一般与合同签订时的程序相同。

11）供用水合同档案管理的稽查

① 稽查一式两份合同是否一致，稽查合同编号、客户名称、用水地址、用水类别、水表口径、用户签字（盖章）、合同签订日期；供用水合同主要条款和填写是否规范进行复查，对不规范的应要求分公司重签。

② 稽查是否建立供用水合同管理台账，分类登记供用水合同的签订、续签、变更、解除等事项。

③ 稽查供用水合同的档案是否按归档要求进行归档，是否妥善保管，有无丢失或擅自销毁合同文本或其他资料、证据的现象。

④ 稽查所有签订的各类供用水合同是否都及时录入营业管理系统，并且两者的信息是否一致，房地产管理的用户水表可输入同一合同编号。

⑤ 稽查供用水合同管理手段的现代化情况，是否采取措施实现供用水合同管理信息化。

（3）稽查举例

稽查用水报装申请受理流程中是否存在环节超时限，或擅自越权办理审批现象。

报装流程的时限稽查通常采用抽样方法和系统超期到期用户查询方法。在已完成报装流程归档的资料中，按用户（单位）报装工程、一户一表改造工程、公司工程、城乡居民改造工程分别抽样稽查某些用户资料。

1）按稽查程序首先检查该用户客户档案资料的完整性。

2）稽查报装资料是否在用户报装申请的同时即被录入营业报装系统，是否存在未按流程的分类办理报装业务的情况，是否按规定时限要求进行程序传递。

3）必要时与用户联系，了解受理人员当时对所受理的业务是否履行了办理该项用水业务的程序、制度、收费标准告知义务。为用户办理用水业务的过程时间是否超时限及客户对服务意见与建议。

4）根据报装系统设置好的超期状态进行查询：正常、预警或超周期；已超周期的用户进行原因查询或与用户确认。

2. 现场查勘设计和内部验收

（1）供水现场查勘设计和内部验收

查勘设计人员进行现场勘查设计，核对用水用途、设计水表口径，与用户确认勘查设计结果；对除居民用户外，工程验收人员还需对其内部供水设施进行验收；如用户验收影响到设计的，工程验收人员通知用户进行整改，整改后进行复验，直至合格。如用户验收中不影响到设计环节的，由用户承诺在时限内进行整改，同时流程进行下转；有室外消防的，签订《室外消防用水合同》，收取消防建设补偿款。

对于基建转永久用户工程，查勘设计人员还需判断是否需要销户。若需要，需将销户信息在设计方案中注明。

（2）稽查内容与方法

1）稽查工程查勘部门是否及时组织有关踏勘人员到用户用水现场进行勘查，校对用户水表口径与途径时是否符合有关规定要求及用户需求；核定的水表口径是否能满足供水安全、经济、合理和便于管理以及用水用户的要求。

2）通过查阅核对有关资料、营业电子系统方式，现场勘查与答复用户是否在服务时限内，查看纸质资料与电子流程是否相一致。

3）稽查在不能如期确定现场查勘设计的情况下，是否向用户说明原因；如用户有不同意见时，是否及时提出意见，双方再行协商确定；用户应根据确定的供水方案进行接水工程的设计。

4）稽查确定供水设计的正确性，应根据用户的用水用途、用水量及该处供水规划等因素考虑。

5）稽查用户内部消防设施是否符合规范，验收人员是否按时限要求进行上门验收，验收结果是否及时反馈用户。

6）稽查查勘设计与验收人员记录工作是否完整齐全。

7）供水设计必须符合国家有关政策、发展规划及供水发展规划的要求。

8）稽查上门服务人员是否做到廉政、公正、公平。

3. 工程施工、装表通水

施工单位按照工程设计图进行施工，工期按时限要求执行，工程安装后进行装表通水。

施工结束后做好决算，并告知用户在一个月内缴清费用，同时做好工程款的收取工作。

稽查方法如下：

（1）稽查工程开工的及时性。稽查开工时工作人员签署的日期录入和报装系统中的日期及用户反映情况进行核对，确认是否超时限。

（2）稽查实施接水前是否具备以下条件：

1）道路挖掘许可证有无备案，是否在允许施工时间范围内。

2）施工过程中发生变更的，有无变更设计图纸。

（3）稽查安装设备包括水表、远传装置等，稽查安装是否符合规范。

（4）现场抽查稽查施工人员现场的廉政问题，施工人员进室内施工的文明礼仪问题，工程结束后的工完场清问题。

（5）现场稽查施工现场的施工质量，是否按工程要求执行。

（6）稽查通水后让用户填写《用户工程安装回单》，填写是否规范真实。

（7）稽查施工通水后工程决算的时限性。

（8）稽查有无及时告知用户工程款情况及工程款收取情况。

（9）稽查施工单位有无及时与分公司间进行资料移交问题。

4. 用户档案

发表通水后，表务、管线管理人员填写《立户移交清单》，将资料信息转至用户管理部门。用户管理部门根据清单对新装用户资料进行立户，每个用户均有电子档案和纸质档案。

用水资料档案包括报装资料和供用水合同等，业务报装资料部门在受理后必须妥善保管，长期保存，设专人负责，以免丢失。

营业信息管理系统的建立，使用户档案便于索引查询，但含有供用双方签字以及其他书面文字性资料仍应全面保存。

稽查方法如下：

（1）稽查建档的及时性。是否按公司规定时限内进行归档；是否按照一户一档及时建立用户档案；用户档案是否实现了电子化，档案信息是否及时更新、完整，文字档案内书面签字等各种备份文件保存是否完善。

（2）稽查电子档案信息的准确性、全面性。查看营业管理系统对营业系统中各项内容填写是否准确，特别是抄表类别、用水性质、污水性质是否准确，手机信息是否有填写，用户的总分表关系有否设置好等。

（3）稽查报装资料和客户档案资料是否完整。

根据"最多跑一次"深化改革要求，在政府大数据的支撑下实现"一证通办"，在用户提供营业执照的前提下相关资料是否从大数据上获取。

（4）稽查建档的内容是否全面规范，各种报装资料均要建立和装入用户档案袋，资料名称要记录在档案袋内的客户档案目录上，凡装入档案袋内的资料，要在该档案的用水资料记录栏中按顺序逐项填写清楚。客户档案的资料内容要与用户营业系统中操作过的相关信息相符。

（5）稽查档案的保管是否到位。检查立户后是否在规定的时间内收集了所有用户用水资料；档案的保存期限，相关部门或人员因工作需要借阅档案时，是否有借阅手续。凡在供水企业已办理销户的客户档案，仍按用户号的顺序进行保管，不许销毁，只需在档案内有相关销户档案。

第二节　用户业务变更稽查

变更业务是指供水企业在供水营销过程中，根据用水户的需要，依据地方城市供水管理办法和企业有关规章制度，对原建立的用水关系的某些方面进行调整，改变当时《供用水合同》中约定的用水事宜的业务，改变原有供用水合同内容的日常业务工作。

由于变更业务是供用水营销工作中一个承前启后的环节，它是对业务工作进行暂时或永久的更改，变更业务工作的质量将对水费的结算和服务产生影响，因此，办理变更用水业务必须依据完整、准确，办理的手续合理合法，并遵循以下原则：用户在办理变更用水时，应提出申请和填写"变更用水申请表"，签字盖章，并携带有关证明文件，到供水企业营业场所办理手续，供水企业营业人员要根据用户的申请，依据有关规定，根据流程要求，经过相关部门办理，并告知用户办理的结果。

由于变更用水是供水营销工作的重要组成部分，而且变更用水的项目多、业务量大、涉及范围广，在供水营销工作稽查工作中占有十分重要的地位，应对变更用水工作的稽查设立常态监督机制。及时发现变更用水工作中存在的问题，并有针对性地提出整改意见，制定防范措施，对提高变更用水工作的管理水平和服务质量起到了积极的作用。

变更用水业务从柜台服务开始，在供水营业厅，营业人员在收到用户变更用水申请后，根据用户申请类别，直接登录营业管理信息系统，进行相应业务流程操作，最后由各区域分公司负责业务归档、变更用水资料的留存及保管。

供水营业厅变更用水业务稽查流程包括：

（1）营业厅的工作环境是否符合供水服务标准化要求，供水营业厅必须按照内部供水营业厅运营管理标准或现代化营业所标准的有关环境要求规定。

（2）营业厅工作人员的供水服务工作，是否符合内部营业业务管理制度要求，办理变更用水业务。

（3）调看用户申请单及变更用水资料等。查看客户填写户名、户号、用水地址、联系人、联系电话、用户地址、身份证号码、变更内容、填写日期等是否详细。申请单内容是否详实，流程是否畅通，收费是否合理，流程是否审批等。

（4）进入营业管理信息系统进行变更用水资料的核对，对重要的、有疑问的变更项目，可以延伸到外部现场进行核查。

对变更用水的稽查，根据相近的内容大致可以分为两类：即用户信息变更、水表信息变更。用户信息变更主要包括用户户名变更、账户信息变更、电话、地址信息变更、用水性质变更、水表销户；水表信息变更主要包括水表报停、水表复接、水表口径变更、水表移位。

1. 用户信息变更

用户信息变更业务是指因为用户的原因，对在供水企业原有信息中改变其信息的一种业务，主要包括用户户名变更、账户信息变更、电话地址信息变更、用水性质变更、水表销户。

用户信息变更：一是稽查要查清办理业务的有关资料，所需办理业务的理由要充分，尤其是办理业务前，必须确定原来用水户的水费已经结清；二是对照稽查用户的档案资料是否按用户的要求更改，对于营业信息系统上的资料是否及时更新，确保资料的完整与准确；三是在业务变更中要把握用户的用水性质变化情况。

（1）用户户名变更

用户户名变更分为更名和过户，这是两种性质非常接近的业务。更名是指同一用户由原来的户名更改为另一个户名的业务，一般工商局会有相应的户名变更单。例如，原户××局现更改为××公司。过户是指两个不同的用户之间所发生的，根据房屋产权的变化进行自来水户名的更改，由原用户将用水户头过户给另一用户的变更业务，则必须把原用户的户名更改为新用户的户名。例如：张三将水表的用水权过户给李四，在供水企业用水档案上将张三的户名更改为李四的户名。

用户持有关证明向供水企业申请更名或过户，供水企业营业人员在用水信息、用水性质不变的条件下应在规定的时间内为用户办妥该项业务。对更名、过户变更用水业务质量的稽查，稽查员应弄清楚该项业务是更名还是过户，在这两个稽查过程中，稽查员要注意：

1）原用户应与供水企业结清债务、解除原供用水关系后，供水企业才能与新用户建立新的供用水关系。

2）新用户办理过户是否有按《一次性告知》内容提供相应的资料，并由用户签字确认。

3）稽查新用户相关信息是否已齐全，如身份证信息、移动电话信息等。

4）与新用户签订供用水合同情况，合同是否按规范签订等。

5）用户申请时间与营业系统录入时间是否一致；有无按规定时限进行走流程。

（2）账户信息变更

单位用户因账户变更引起无法正常结算水费，用户向供水企业申请办理账户变更的一项业务。

账户信息变更：一是要稽查查清办理业务的有关资料，所需办理的业务的理由要充分，尤其是办理业务前，必须确定原来用水户的水费已经结清；二是对照稽查用户的档案资料是否按用户的要求更改，对于营业信息系统上的资料是否及时更新，确保资料的完整与准确；三是有无及时汇总并上报到财务部门，以及财务部门有否对其信息进行汇总并将用户信息提交小额支付管理银行。

稽查员需要稽查内容：

1）稽查变更资料是否按《一次性告知》内容提供相应的资料，申请单用户签字盖章是否齐全。

2）稽查支付账号有无输入，用户同时办理时的用户户数有无缺或多。

3）稽查有没有及时进行系统录入并按时限要求汇总上报到财务部门。

4）稽查用户资料有无归档，系统与电子档案的信息是否一致。

（3）电话和地址信息变更

用户通过营业厅或水务热线反映要求更改用户的电话、水表地址信息的变更业务。

稽查人员需要稽查内容：

1）电话信息稽查通过查看信息输入情况是否准确，同时稽查人员也按一定的抽查比例检查用户电话信息是否准确。

2）地址信息变更要按照地名办的门牌编写进行稽查与更改，稽查其更改记录。

3）稽查相关更改的用户原始记录情况。

（4）用水性质变更

用户因己方需要向自来水公司提出进行申请用水类别变更的业务。

稽查人员需要稽查内容：

1）稽查办理业务的有关资料，所需办理的业务的理由要充分，尤其是办理业务前，必须确定原来用水户的水费已经结清。

2）稽查用户的档案资料是否按用户的要求更改，对于营业信息系统上的资料是否及时更新，确保资料的完整与准确。

3）稽查有无现场核实的依据，如现场照片或用户签字。

4）稽查用水性质变更流程是否准确；用水性质调高或调低由公司不同层面进行审批。

5）稽查变更有无按时限要求进行。

6）稽查用水性质变更资料归档是否及时准确，并且与电子档案归档是否一致。

（5）水表销户

水表销户是用户不再使用供水企业提供给其的服务，而进行的申请终止合同及服务的过程。

稽查人员需要稽查的内容：

1）稽查办理业务的有关资料，所需办理业务的理由要充分，有无法律纠纷，尤其是办理业务前，必须确定原来用水户的水费已经结清。

2）稽查销户是否在时限范围内完成，用户资料受理后是否有及时输入系统并进行提交；用户销户自受理后1个工作日内完成拆表销户。

3）稽查表务人员有无及时到现场拆表，并与用户确认水表底度，拆表时有无把管子拆除到三通位置，物资有无回收。

4）稽查销户流程是否到位，有无审批。

5) 稽查核对营业管理系统内容是否正确。

6) 稽查水表销户资料归档是否及时准确,并且与电子档案归档是否一致。

2. 水表信息变更

水表信息变更业务是指因用户原因,对在供水企业原有水表信息中改变其状态的一种业务,主要包括水表报停、水表复接、水表变更及水表移位。

水表信息变更:一是要稽查查清办理业务的有关资料,所需办理的业务的理由要充分,尤其是办理业务前,必须确定原来用水户的水费已经结清;二是要稽查现场操作时限与质量环节;三是要稽查其时限问题。

(1) 水表报停

用户因故需暂停用水服务,而向供水企业申请报停供水的过程。

稽查人员需要稽查内容:

1) 稽查办理业务的有关资料,所需办理的业务的理由要充分,有无法律纠纷,尤其是办理业务前,必须确定原来用水户的水费已经结清。

2) 稽查报停申请时收费是否合理,有无乱收费的情况发生,这是供水企业优质服务的一个方面,稽查人员应引起重视。

3) 稽查表务人员有无及时到现场拆表,并与用户现场确认底度,拆表后封堵有无漏水现象。

4) 稽查核对营业管理系统内容是否正确。

5) 稽查报停是否在时限范围内完成,用户资料受理后是否有及时输入系统并进行提交。

6) 稽查水表报停资料归档是否及时准确。

(2) 水表复接

水表复接中有两种情况:一是指用户在中止供水原因消除后,由于自身用水需要,而向供水企业申请恢复供水的过程。二是因根据各地城市供水管理办法有关规定用户无正当理由连续多次不缴纳水费的,供水企业可依据合同规定对其停止供水,用户缴清自来水欠费和违约金,而向公司申请恢复正常供水的过程。

稽查人员需要稽查内容:

1) 稽查水表复接时应先要稽查用户申请水表复接是属于哪种情况,是报停复接还是欠费拆表复接。

2) 稽查人员确定类别后要稽查办理业务的有关资料,所需办理的业务理由是否充分,有无法律纠纷,尤其是办理业务前,必须确定原来用水户的水费是否结清。

3) 稽查欠费复接申请时收费是否合理,有无乱收费的情况发生,这是供水企业优质服务的一个方面,稽查人员应引起重视。

4) 稽查流程中各个环节有无在规定时限内完成。

5) 稽查现场复接情况,有无接错。

6) 稽查核对营业管理系统内容是否正确。

7) 稽查水表复接资料归档是否及时准确。

(3) 水表变更

水表变更指用户因用水量的变化需要更改水表口径或型号而向供水企业申请水表变更

业务的过程。水表变更是用户申请的基础上，经现场查实用水量分析，后再进行计量分析确认是否符水表变更要求，后续进入水表更换流程。

稽查人员需要稽查内容：

1）稽查人员要稽查办理业务的有关资料，所需办理的业务的理由要充分，有无法律纠纷，尤其是办理业务前，必须确定原来用水户的水费已经结清。

2）稽查人员稽查表务管理人员有无进行现场调查、企业发展趋势等情况进行用水量分析。

3）流程中各个环节有无在规定时限内完成。

4）稽查核对营业管理系统内容是否正确。

5）稽查审批完成后有无告知用户不能变更原因，或审批完成后有无及时录入营业管理系统内。

6）稽查水表复接资料归档是否及时准确。

（4）水表移位

水表移位是指用水户申请对同一产权内的水表位置进行移位的业务。

稽查人员需要稽查内容：

1）稽查办理业务的有关资料，所需办理的业务的理由是否充分，有无法律纠纷，尤其是办理业务前，必须确定原来用水户的水费是否已经结清。

2）稽查用户申请移位是否在同一产权内的移位。

3）稽查人员稽查表务管理人员有无进行现场调查。

4）流程中各个环节有无在规定时限内完成。

5）稽查移位时收费是否合理，有无乱收费的情况发生。

6）稽查 GIS 信息有无修改。

7）稽查水表复接资料归档是否及时准确。

第三章

水价与水费稽查

城市供水价格是指城市供水企业通过一定的工程设施，将地表水、地下水进行必要的净化、消毒处理，使水质符合国家规定的标准后供给用户使用的商品水价格。城市供水实行分类定价。

水价是水资源的货币表现，水费是供水企业向客户销售自来水后，按商品交换原则，从客户那里取得相应数量的货币。水费管理是供水企业生产全过程的最后环节，也是供水企业生产经营成果的最终体现。这一环节工作的好坏，直接关系到供水企业是否能够足额及时回收水费，从而直接影响供水企业的经济收入，也影响着整个供水企业资金周转和再生产的正常进行，因此必须加强水费管理工作，加大对水费管理工作质量的稽查，确保供水企业的经营成果。

水价与水费管理的稽查，指对供水企业营销部门在水价管理和水费管理方面是否正确贯彻国家相关政策的情况进行检查，按照水表抄核收管理有关规定，对抄表、核算和收费工作的质量做出客观的评价，及时发现存在的问题，分析问题存在的原因，并有针对性地提出整改意见，制定防范措施。因此，水价与水费的稽查工作对促进水价与水费管理工作质量的提高，起到了积极的保障作用。

水价与水费管理的稽查内容主要包括：用水价格稽查、抄表稽查、核算稽查水费回收稽查。

第一节　水价稽查

水价是自来水这个特殊商品在供水企业参加市场经济活动、进行贸易结算中的货币表现形式，是自来水商品价格的总称。

水价按不同的用水性质可分为居民生活用水和非居民用水两大类，其中非居民用水可分为非经营性用水、经营性用水和特种用水三大类。

水价执行的政策性很强，必须按照国家有关规定严格执行到位，既要确保供水企业的经营成果，又要保证国家对有关行业上的政策扶持和对城乡居民生活的关心。同时，还要减少营业人员工作差错，防止营业人员擅自扩大优惠水价范围，或将高水价用水按低水价结算的徇私舞弊行为。因此必须加大对水价执行情况的稽查，保证国家和企业的利益不受损失。

1. 核实用户档案

通常情况下，确定用户的水价，是在用户提出申请后，供水企业根据用户的用水性质和发改委水价方面的有关规定，在供用水合同中明确计费水价。用户在申请新装接水、过户及申请用水性质变更时，都需要核实用户的用水性质，明确水价，并在营销系统中进行立户或变更。

稽查人员要根据用户申请的报装资料、过户资料、用水性质变更资料，仔细核对用户的单位性质及用户申请用水的用途，核实受理人员对用户用水性质的确定是否正确。

2. 用户档案与营销系统对比

在查阅资料的基础上，再进入营销系统核对用户的用水性质和水价的设定是否与资料相吻合，稽核用户资料和营销系统中的用户信息是否完全准确。

3. 用户现场核实

对部分用户，随着经营方式的变化，用水性质也在发生着改变。对这部分用户，除了督促抄表员在现场抄表时及时发现及时上报外，稽查人员也应有针对性的上门稽查。

首先，对营销系统中用户的用水量进行分析，及时掌握用户用水规律。对部分季节性用水变化较大的用户，如浴室、干洗店等一般下半年处于用水高峰期，用水量往往是上半年的几倍，甚至几十倍，对这种用户，如发现用水量连续几个月增长的，在排除没有内漏的情况下，需及时上门核实水价。对用水量变化不大的用户，则需要利用现场抄表抽查或其他外出的机会，对用户的用水性质进行核实。

对有多种用水性质的用户，要及时了解用户的生产经营情况，及时对核定的用水比例进行调整。

第二节 抄表稽查

抄表是整个供水营销工作中的重点，抄表工作质量的好坏不仅关系到供水企业能否按时足额回收水费，而且也是供水企业行风工作的重要环节，它还是直接影响供水企业漏损率这一项重要指标的组成部分，不仅直接体现了漏损率的好坏，也是漏损控制决策的主要依据，所以做好抄表稽查是一项非常重要的工作。

抄表稽查的主要工作目标是提高稽查抄表工作的质量，从而提高水表抄见的及时性和准确性，可以体现为水表抄见率和抄表准确率两大指标。水表抄见率＝（应抄水表数-未抄见水表数）/应抄水表数×100％，抄表准确率＝（应抄水表数－抄错水表数）/应抄水表数×100％。

抄表稽查在工作时不仅要稽查抄表数据是否正确，还应该稽查水表装表地址、水表编码是否正确，用户用水性质是否正确，表箱、表井等供水设施是否完好，抄表员是否按照计划按时完成抄表员作等内容。

1. 水表信息的稽查

稽查人员到客户处抄录水表前，应先核实用户装表地址、用水性质、水表编码等信息与营销系统中登记的信息是否一致，再查看表箱、表井等供水设施是否完好，表接头、阀门等处是否存在漏水现象，水表是否存在堆埋、水淹、门关等现象。最后查看抄表员工作日报表，对上述异常情况是否及时登记，后续是否跟进处理，处理结果是否闭环。

2. 抄表到位率、准确率的稽查

（1）抄表前的稽查

抄表前稽查到位率，其方法主要为稽查人员前期抄表分析法，即：按照供水公司确定的抄表周期，在抄表员抄表前到客户处抄录水表，记录抄表过程中发现的异常情况，等待抄表员抄完水表后稽查人员再做以下工作：

1）检查对照抄表员的抄表记录，看抄表员的记录与稽查人员的记录所反映的问题是否一致。

2）按照抄表员与稽查人员的抄表时间差，分析抄表员与稽查员水表水量的差异是否合理。

稽查人员还可以制作一批小卡片，提前放置在抄表员未抄过的水表上，并要求抄表员在抄表过程中发现此类卡片后，将卡片带回，当日交给抄表负责人，并做好台账登记工作。稽查员将发出的卡片数量、编号、放置位置、水表信息等内容做好记录，等待抄表员抄完水表后核对抄表员收回的卡片与发出的卡片数量是否一致，对未回收的卡片及时到现场查看、核实是抄表员未抄表到位，还是出现卡片遗失的情况。稽查人员可以针对性的对一些估表可能性较大的水表进行发放，如长期零度无水量的水表、消防、绿化等水表等。

（2）抄表后的稽查

抄表后稽查，就是抄表员完成抄表工作后，为核实其工作质量，稽查人员再到现场重新抄表，对照抄表员的抄表结果进行分析。

一般情况下，客户用水量波动不会太大，对稽查员的抄见水量减去抄表员的抄见水量除以稽查和正常抄表间隔的天数与抄表员抄见水量的日平均水量进行对比，如差额大于30%，或者稽查员抄见的抄见量小于抄表员的抄见量，可确定为抄表不到位。

由于供水企业客户数量大，对抄表到位率和准确率的稽查只能采取抽查的方式来进行，既要不失一般性，又要有针对性。所以稽查员要分析抄表员的抄表情况，对工作认真负责的抄表员可采用一般性的抽查，对工作态度一般的抄表员除了一般性抽查外，又要有针对性地抽查。

一般性抽查就是对抄表员一天完成的工作量确定一个比例，对同一表册内的抄表数据进行全面的抽查，以检查抄表员的抄表工作质量。

针对性抽查，为确保稽查质量，必须科学确定稽查对象，确定稽查对象的方法如下：

1）用水量异常用户稽查。用水量异常用户是指用水户本月的用水量与前几个月用水量的平均值相比有较大幅度的增减，超出正常的用水范围。一般用户判断用水量异常的增减幅度应控制在正常幅度的30%，用水大户或特殊用户应控制在20%。确定用水量异常用户后，再根据抄表员的记录，剔除因实际用水量确实发生变化或内部漏水等特殊原因的用户，剩下的可确定为稽查对象。

2）根据漏损率分析确定稽查对象。根据区域考核表的漏损情况分析抄表员的抄表质量，对漏损波动明显异常的区域可作为重点稽查对象。如某一区域的考核表水量突然小于下级子表的合计水量，或某一区域的考核表水量与前几期相比变化不大，但是下级子表的合计水量突然减少等。那么该区域的水表可确定为稽查对象。

另外，对部分长期零水量的水表、季节性变化因素影响用水量的水表也可以有针对性地进行稽查。

（3）通过远程抄表等手段稽查

随着科学技术的发展，供水企业对远程抄表等现代化技术运用手段也越来越广泛，远程抄表的技术手段也越来越先进。通过运用远程抄表的手段来稽查抄表质量不仅可以提高稽查时间和稽查的准确性，还可以检查远程抄表的稳定性和可靠性。

1）根据抄表机读取抄表员的抄表时间、抄见量和远程抄表系统上传的最接近的时间的远程抄见水量进行比对，两者之间的差值除以时间差和远程系统中的时流量对比，如差值大于10％则可判断为抄表未到位。

2）到现场抄录水表的读数并记录时间，再与远程抄表系统中的读数进行比对，来确定远程抄表系统的准确性和可靠性。

（4）抄表时间的稽查

抄表日程表的编排应以供水企业区域管辖范围为依据，结合企业的建设发展、生产计划、经济核算等方面的关系，同时按照供求服务要求的目标为出发点，因此抄表日程表有一定的权威意识和强化作用，一经编排成立，任何部门或人员都不得擅自更改、变动，尤其抄表员更应该严格遵守，认真执行抄表日程表所规定的日期进行抄表工作。在编排抄表日程表时每月抄表日差幅不宜过大，以确保抄表周期平衡，避免在统计、分析、预测水量供求问题上人为造成过偏现象。

1）通过水量分析。一般情况下，客户用水量波动不会太大，通过对用户水量的分析，本册抄表用户的水量是否存在水量较大的波动，剔除季节等变化因素后是否符合用户的用水规律，来判断抄表员是否存在提前抄表或延后抄表的情况。

2）通过抄表机读取抄表员的抄表时间进行稽查。抄表机将记录抄表员现场抄表录入的时间，通过营销系统查看抄表机记录的时间，来判断抄表员是否按规定时间抄表。

3）通过远程抄表系统进行稽查。根据抄表员的抄见度与远程系统的抄见度进行比对，找出远程系统数据相同或接近的时间，是否与抄表员提供的时间一致，来判断抄表员是否按规定时间抄表。

3. 抄表异常情况处理的稽查

通过对抄表异常情况处理的稽查不仅可以督促抄表员对异常情况的及时发现、及时汇报，还可以提高内部营业人员的工作效率，减少因异常情况处理的不及时而引起的水量、水价的纠纷等情况。

抄表员抄完水表后，填写水表抄见日报表，对发现的异常情况及时登记，营销管理人员汇总后交相关人员进行处理，处理完毕后反馈给营销管理人员，营销管理人员再根据处理意见及时反馈给抄表员。

对抄表异常情况处理的稽查可以分内部稽查和现场稽查。内部稽查就是查看抄表员抄见日报表，对抄表员反映的异常情况是否已经处理，处理结果是否闭环。现场稽查就是根据抄表员反馈的情况及处理结果到现场稽查，看抄表员反映的情况是否属实，处理结果是否与现场情况一致。

第三节　核 算 稽 查

1. 水量水费核算质量的稽查

对水量水费核算的稽查，只要认真核对客户的水价与相应的水量对应结算，并将核算的结果与水费核算人员的结果进行比对即可。现在，水费的核算基本通过营销系统自动进行算费，减少了因人工算费产生的差错，水费核算的稽查重点在算费的及时性。算费的及时性是水费是否能够及时回收的重要环节，是保证水费回收率的一项重要工作。稽查人员通过营销系统检查是否存在水费算费滞后的情况，及时督促水费算费的及时性。

2. 退补水量处理质量的稽查

退补水量是供水企业在营销过程中经常出现的业务，发生需要退补的情况比较多，主要有以下情况：

（1）水表校验造成的水量退补。用户对水表计量产生疑问，怀疑水表计量存在误差，提出对水表进行计量校验，供水企业需根据水表校验结果对用户的水量进行退补。

（2）计量故障造成的水量退补。因水表故障、停走等原因，造成计量不准确，需要对用户的水量进行退补。

（3）其他非计量原因的水量退补。稽查人员对存在退补水量处理的稽查就是核对营销管理人员是否准确地按照计量标准、供水企业内部标准对水量进行退补，核对营销人员退补水量的依据是否充分。

第四节　水费回收稽查

水费回收是供水企业的一项重要工作，它是指供水企业将自来水销售给用户后，从用户收回相应数量货币的过程。水费回收的好坏，一方面直接影响供水企业经营成果，另一方面对供水企业的再生产产生巨大的影响。因此，必须加强对水费回收的管理。

水费回收的稽查主要从以下两方面入手：

（1）水费通知单、催缴通知单发放是否及时、到位。

（2）水费缴清后是否及时入账、销账。

水费通知单、催缴通知单的及时到位发放有利于用户及时缴纳水费。水费缴清后及时入账、销账，管理人员能及时掌握水费回收的情况，便于工作决策，减少工作失误。

对水费回收的稽查，一是可以通过对用户现场通知单的发放进行稽查，查看收费人员对通知单是否及时准确的发放；二是可以通过对营销系统进行稽查，检查收费人员对水费是否及时销账；三是财务通过银行对账单，核对入账水费信息，达到财务部门与营收部门的信息一致，一般情况下，水费回收率指标应由财务部门负责确认与考核。

第四章

水表计量稽查

　　水表计量稽查是供水营销环节内控约束机制的主要组成部分，是供水营销风险管理的重要内容和途径。提升稽查监控体系运作能力，能够切实提高供水营销业务的管控力、管理制度的执行力、客户服务的监督力。稽查方法采用审阅法、抽查法、核对法和比较分析法分别进行稽查，完善的稽查监控系统在内控管理方面能取得实践效益。水表计量稽查监控业务包括：计量器具选型稽查标准、计量器具安装点设施完好率稽查、远传表数据质量监控与稽查、计量器具周检稽查、计量器具资产管理稽查等。

　　水表计量稽查监控体系建立需从各部门管理职责、管理要求进行细化完善，营业分公司负责区域内计量器具管理、信息更新、动态维护等稽核工作；计量器具管理部门负责流量计及各类远传设施的选型、比对、评估、周检、维护等落实和查核工作；信息部门负责做好各区域计量技术支持工作，包括软件系统开发建设与维护等，以确保远传小表、远传大表和动态表数据得到有效利用和监控。同时监管部门要结合各部门管理要求提出相应的考核条款、细则，建立完善计量器具管理监管考核机制，形成约束、层层把关，确保计量器具管理工作的顺利实施和作用发挥。

第一节　计量器具选型稽查标准

　　为提高水表计量准确度，必须从源头抓起，选用质量可靠、品牌信誉好、计量精度高的水表作为贸易结算的计量器具，所选用水表产品为中、高端产品，一律杜绝作用"三无"产品。

1. 选型原则

计量器具选型主要遵循以下几项基本原则：

（1）多品种原则

由于每一管网上用户的实际用水情况差异较大，每一种水表的性能也不一样，因而要做到尽量按实际用水的瞬时流量和累计水量来选择水表。

（2）动态管理原则

每一个用户水表的用水情况是在变化的，随着水表远传监控技术的发展和推广，可以即时准确的获得水表各个时段的实际用水量和用水变化规律，方便实现水表选型应用的动态管理，有效解决"大表小流量"、"小表大流量"及"从头到尾使用一种水表"等不合理配表问题。

（3）经济合理原则

水表实际运行时段的平均流量和最大瞬时流量不超过水表的常用流量和过载流量，水表运行时段的最佳流量点应处在分界流量与常用流量之间，如果几种型号水表同时可用的情况下，应优先选择综合成本相对较低的型号。科学、经济选型，就是要使水表的计量特性误差曲线与用户的用水特性曲线相匹配，以达到优化计量的目的。

（4）计量最佳原则

根据水表流量范围及计量特性，选择的水表应尽可能将用户用水流量落入计量高区，这样的计量是最为准确的，也是选择水表的理论依据，不同用户、不同时刻的流量都是变化的，需要通过合理选择水表类型、口径，最大限度运用水表的高区进行计量，从而达到准确计量的目的。

（5）水表选型性能分析原则

水表作为一种贸易结算的计量器具，其本身的计量特性将对水的计量准确性产生较大影响，尤其是大口径水表，使用者均为用水大户，由于用水的不均衡性，将可能导致水量的部分漏失。因此，经济合理地选择大口径水表，提高水表的准确性，降低由于水表计量特性导致的漏失，是供水企业实施内部控制的基础。

2. 器具性能

大口径水表的性能分析，由于大口径水表的选型牵涉很多方面，目前普遍使用的大口径水表有以下几种：电磁流量计、水平螺翼可拆式水表、WPD 可拆卸螺翼式发讯水表等。

（1）流量计的使用特性

1）流量计分为两种：一种是电磁流量计（安装条件要求高，数据稳定故障率低），另一种是超声波流量计（安装条件要求低，但精度和稳定性不如电磁流量计）。各类流量计必须具有国家计量技术机构型式鉴定证书并经过计量行政管理部门型式批准，且应根据不同使用要求和现场实际情况选择合适的型号。电磁流量计的计量精度一般应优于 0.5 级，超声波流量计的计量精度一般应优于 1.0 级，且尽量做到同一用途的流量计精度等级一致。流量计应具有显示和输出流量信号功能，具备 HART、MODBUS 等主流通信接口方式，并利于操作。

2）用于外部贸易结算，优先选用电磁流量计（管段式或插入式）。

3）用于内部区域结算，根据现场安装情况和使用要求优先选用电磁流量计（管段式或插入式）或原装进口超声波流量计（外夹式或多声道的插入式）。

4）用于供水管网流量监测（如管网建模或分区计量等），根据现场安装情况和使用要求优先选用电磁流量计（管段式或插入式）或国产品牌超声波流量计（多声道插入式）。

5）用于在装流量计日常比对等运行管理，优先选用原装进口超声波流量计（便携外夹式）。

6）根据流量计性能，可选用的电磁流量计共有四个品牌，其中进口品牌有 ABB（FEW 系列产品）和科隆（IFC 系列产品）主要用于贸易结算类流量计；国产品牌有肯特（KEF 系列产品）和金田（LDZ-5J 型），主要用于分公司考核、分区计量、排水泵站。超声波流量计共两个品牌,进口品牌富士(FLV型),主要用于考核比对;国产品牌肯特(KUF型),主要用于比对和分区计量。

(2)可拆式水平螺翼式水表 LXLKY 结构特点

1)流轴向通过涡轮叶片,涡轮轴通过涡轮副传动,带动计数器转动,进行计量。

2)局部取样,模拟检测。

3)体积小,重量轻。

4)芯为可拆式结构,便于更换和维修。

(3)WPD 可拆卸螺翼式发讯水表的特性

可拆卸螺翼式发讯(WPD)水表具有均匀的流量误差调整装置和螺翼式叶轮经水力动平衡处理 2 个专利保护装置,计数器可 360°转动,方便读数,防水等级为 IP68。有较大的过载流量和较大的测量范围,且可在任何角度进行水表安装,不需要打开水表铅封就可配置三种脉冲信号输出远传装置(一种光点脉冲信号,两种磁发讯开关信号)。

WPD 水表技术性能表　　　　　　　　　　　　　　　　表 4-1

水表流量点	口径 (mm)	40	50	65	80	100	125	150	200	250	300
过载流量		60	90	120	200	300	350	600	1200	1600	2000
常用流量	m^3/h	40	50	70	120	230	250	450	800	1250	1400
最小流量		0.30	0.30	0.40	0.50	0.80	1.00	1.80	4.00	6.00	12.00

普通螺翼式(B 级)水表技术性能表　　　　　　　　　表 4-2

水表流量点	口径 (mm)	40	50	65	80	100	125	150	200	250	300
过载流量		30	30	50	80	120	200	300	500	800	1200
常用流量	m^3/h	15	15	25	40	60	100	150	250	400	600
最小流量		0.45	0.45	0.75	1.20	1.80	3.00	4.50	7.50	12.00	18.00

从表 4-1 和表 4-2 各类水表性能的比对中可以看出,口径为 $DN80$ 的 WPD 水表测量范围相当于口径从 $DN40\sim DN125$ 的普通螺翼式(B 级)水表的测量范围,其计量的范围比同口径的普通水表大得多,压力损失小,用料讲究,更具有不可思议的动平衡技术,当水表流量达到一定值后,高速旋转的水表叶轮会离开两端支承的宝石轴承,悬浮在中间转动,达到动平衡,大大减少了机械磨损,因而其过载流量大大高于其他水表而寿命更长。

水表是供水企业用于收费的依据,其综合性能的好坏,计量准确与否,将直接关系供水企业和用水户的切身利益。因此,在水表的选型上必须要考虑以下几点:

1)水表的耐用性。指水表在长期使用过程中,能否保持良好性能的指标。这一指标,对供水企业降低漏损至关重要,而提高水表耐用性的关键在于优化水表的自身结构。

2)水表的结构。干式磁传是国外普遍采用的传动方式,但在国内似乎用得很少。其原因主要在于，该传动方式需要较高的内部磁铁材料和机芯材料的制造工艺，才能保证水表长久的使用寿命和计量精度。目前，在国内的自来水行业，普遍反映干式表经过一段时间的使用后，严重超差，其关键在于水表内部机芯零件在长久使用后的稳定性不好，从而影响水表的性能。因此选择长久、耐用合适的机芯将是干式水表好坏的关键。水表压力损失取决于其结构形式及几何尺寸，水平螺翼式水表水流轴向进出，水流平稳，压力损失最小，在标准最大流量下为 0.01MPa 左右；垂直螺翼式水表水流由水平-垂直-水平方向流动，压力损失较大，为 0.06MPa；复式水表尽管水流轴向流动，但有流量转换阀阻挡，压力损失较大，为 0.06MPa；旋翼式水表水流有复杂的转弯和旋转，流场紊流严重，压力损失最大，为 0.1MPa。水表压力损失的大小直接关系到水表的流通能力、供水成本和用水高峰时的供水高程，是一个重要的技术指标。

3）流量性能。始动流量是指水表开始计量的流量点，即俗称的灵敏度；最小流量是水表开始进入 5% 的误差范围内的流量点；分界流量是水表进入 2% 的误差范围内的流量点；最大流量是水表在正常计量下的所能承受的最大流量。毫无疑问，始动流量、最小流量、分界流量越小，最大流量越大，水表的流量性能就越好。就新表而言，正规厂家的计量水表，出厂时流量性能一般都在国家标准之内，但在长时间使用后，是否还能达到国家标准，这也是在水表的选型上必须考虑的问题。

4）量程范围。在正常流量使用的场合用 LXLKY 型；有特大流量或长期大流量的场合用 WPD 型；小流量时间长而很少有大流量的场合用 WS 型、LXF 型；小流量时间长又有各种流量的用 LXF 型；经济条件较好的多用 WPD 型；水中杂物多而流量不大的用 WS 型；晚上有居民的小区、农村、医院、工厂等用 LXF 型；有消防要求的大管网小用户用 LXF 型；供水量大或瞬时流量大的场合慎用 WS 型、LXLKF 型，水压不足而又无屋顶水箱的场合慎用 LXF 型；水质特差的场合必须安装滤水箱，长时间小流量场合慎用 LXLKF 型。

5）水表维修。任何水表都存在着维修的问题，水表的维修成本是供水企业管理成本的一个重要部分。因此，大口径水表是否具有可拆互换性维修零件及使用寿命都是必须考虑的问题。

6）大口径水表的安装。水表在管路上安装规范与否，是影响其计量准确性的因素之一，尤其对于大口径水表，安装不当，不仅会给供用水双方造成经济损失，而且也易造成水表计量性能失真。因此，大口径水表在安装时，第一，要确定安装位置，不能安装于管路的高路、容易积留气体或管路转变处的位置；第二，水表应水平安装，并依据表型满足足够长的上下游直管段，一个普遍认同的经验法则是水表的上游和下游需要安装直径（D）与水表相同、长度分别为 10D 和 5D 的直管段；第三，表前、表后避免安装蝶阀，以减少阀板对水流的扰动而水表计量带来误差。第四，水表的表前阀门在通水时要保持全开；第五，关注表前表后橡皮密封圈的安装，避免对水表安装段管路的突然变径。

3. 管理要求

大口径水表的管理，全面综合地了解每处表位的流量特性，做到对历史数据分析和统计，选择合适的表型，这无疑对降低漏耗，减少不必要的投资，起着非常重要的作用。为确保其准确计量，在内部管理中应做到以下几点：

（1）照国家计量法律法规和内部计量管理制度，对大口径水表按期实行强制检定。

（2）对大口径水表进行在线抽检，定期巡视，以保证其处于正常运行状态。

（3）对大口径水表进行实时监测，及时发现大表停走、倒走等故障，分析水表是否在最佳流量下运行。

大口径水表是供水企业所依赖的重要计量器具，对大口径水表进行经济合理的选型、正确的使用和管理，对维护供用水双方利益，提高供水企业的水费回收率，降低漏耗，将会有极大的促进。选择大口径水表，不应盲目地追求其高精度，关键是要掌握用户的基本用水需求和实际用水状况，以水表的流量范围作依据，合理选择技术性能与之相匹配的计量器具，做到规范安装合理准确使用。

第二节　计量器具安装点设施完好率稽查

1. 新建小区用水设施稽查

稽查人员根据施工管理部门提供的新建小区水表发表信息、用户信息、地址信息及配表信息，现场核查计量水表、控制阀门、远传设备、表箱等设施安装规范性，有明显不符要求的，出具整改联系单给工程管理部门，工程管理部门应按整改期限进行整改，并再次提交工程验收。在查核高层表防盗阀门锁芯有无缺失时，先查看工程管理部门提供施工单位安装清单和回收台账（新建小区移交前由工程管理部门负责防盗阀门盘的回收工作），再查看小区移交后区域分公司的移交、签收记录。

2. 计费水表串户稽查

计费水表串户容易造成用户的不满，且纠正水费交叉支付的难度相对较大，用户投诉影响供水公司形象。在日常的水表串户稽查过程中，稽查人员根据远传表管理部门提供的远传表调试信息，协同工程管理部门和营业分公司进行现场用水信息的核对、入户用水抽查、计费水表标记复核等形式，来查核有无计费水表串户现象。

3. 供水设施防冻保暖稽查

为避免供水设施因低温冻裂漏水，保障供水安全，对各类供水设施（如供水管道、墙体水表、地下水表、桥管排气阀、管网监测点等），供水公司需建立起常态化管理模式，通过制定相关内部标准，从源头上落实、规范各项防冻保温措施，明确供水设施的防冻保温措施，如在工程建设过程中进行同步配套安装，以避免由于标准不统一、工作脱节产生遗漏、事后补做现象。稽查人员根据各类供水设施的防冻保温要求进行核查。

（1）管道：对规定口径以下的明装给水管道，必须采用橡塑保温套管（双层）等措施进行包管保温（安装于地下室或管道井内的除外）。由房地产开发建设单位自行建设的单元给水立管防冻保温措施应在出具的图审意见书中明确，由房地产开发建设单位按要求实施。

（2）水表：楼道单元口朝北且无封闭门窗的所有新建、改造砌墙安装的一户一表，以及山区埋地安装的一户一表，原则上要求采用干式水表；其他仍采用湿式水表。

（3）水表箱：所有新建、改造砌墙安装的一户一表水表箱，均采用新型具有保温性能的防冻水表箱。

各类供水设施防冻保温措施参考建议见表4-3。

各类供水设施防冻保温措施参照表   表 4-3

主要对象	内容分类	保温措施	备注
供水管网监测采样点	安装于室外	1. 橡塑保温套管（双层）； 2. 设置排水口（末端）	只限明装管道（两者兼具）
	安装于室内	橡塑保温套管（双层）	只限明装管道
供水管网桥管排气阀	单体式	专用保暖套	只限于 $DN100$ 及以下口径
	复合式（母子）	1. 专用保暖套； 2. 设置排水口（防盗阀）	只限于 $DN100$ 及以下口径（两者可选一）
墙体水表及管道设施（针对老小区户表改造、设施改造）	单元立管	橡塑保温套管（双层）	只限明装管道
	水表	干式水表	只限朝北且无封闭门窗
	水表箱	专用防冻表箱	只限朝北且无封闭门窗
	表前、表后管	橡塑保温套管（双层）	只限明装管道
地下水表及管道设施（针对农村户表改造、设施改造）	支线总管	橡塑保温套管（双层）	只限于 $DN50$ 及以下口径
	水表	干式水表	只限于山区、非埋地安装
	表前、表后管	橡塑保温套管（双层）	只限明装管道
新建小区管道设施	单元立管	橡塑保温套管（双层）	只限明装管道

注：1. 橡塑保温套管（双层）：指在单层橡塑保温套管外面增加一层优质铝箔纸（亚光），一般用于室外安装，具有保温、隔热作用，能够防紫外线等，有助于保温套管防老化、延长使用寿命。橡塑保温套管壁厚选择：一般情况下对于 $DN15\sim DN25$ 管道口径，橡塑保温套管的材料壁厚选择 15mm；对于 $DN40$ 及以上管道口径，橡塑保温套管的材料壁厚选择 10mm。

    2. 各地区也可根据实际情况选择符合当地实际情况的保温材料。

4. 表井盖使用和维护稽查

表井盖是市政基础设施的重要组成部分，表井盖管理是供水公司管理的重要内容，同时也反映了供水企业的管理水平。表井盖设施产权单位为设施管理第一责任人，供水公司具有表井盖设施管理维护职责，落实安全管理责任，确保城市供水设施完好，为居民提供良好的生活环境和工作环境。完好的表井盖设施，不仅能确保供水设施的安全性，还能提升供水公司优质服务形象。

供水公司应当制定表井盖设施管理、巡查、稽查制度，强化日常运行及施工维护时的监控，配备专门人员对表井盖进行日常巡护；巡查人员应当每日不少于一次对所属的表井盖设施进行巡查、养护、维修等情况进行登记。发现安全隐患（噪声大、表箱沉陷、四周破损、箱盖关闭不实、铁制表箱门锈损等）第一时间处置消除。

大口径水表安装方式及新型表井盖的参考尺寸（图 4-1）：

（1）50mm≤水表口径≤100mm，表井盖使用 1000mm×600mm 型铸铁表井盖。

（2）150mm≤水表口径≤200mm，表井盖使用 1200mm×700mm 型铸铁表井盖。

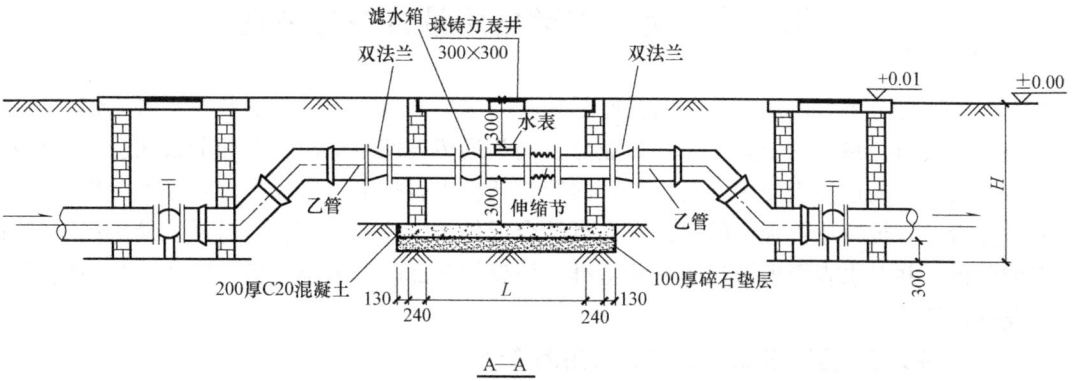

图 4-1　水表井大样图（水表口径 $DN50 \sim DN200$）

（3）水表口径＞200mm，原则上使用流量计。（如图 4-2 所示）

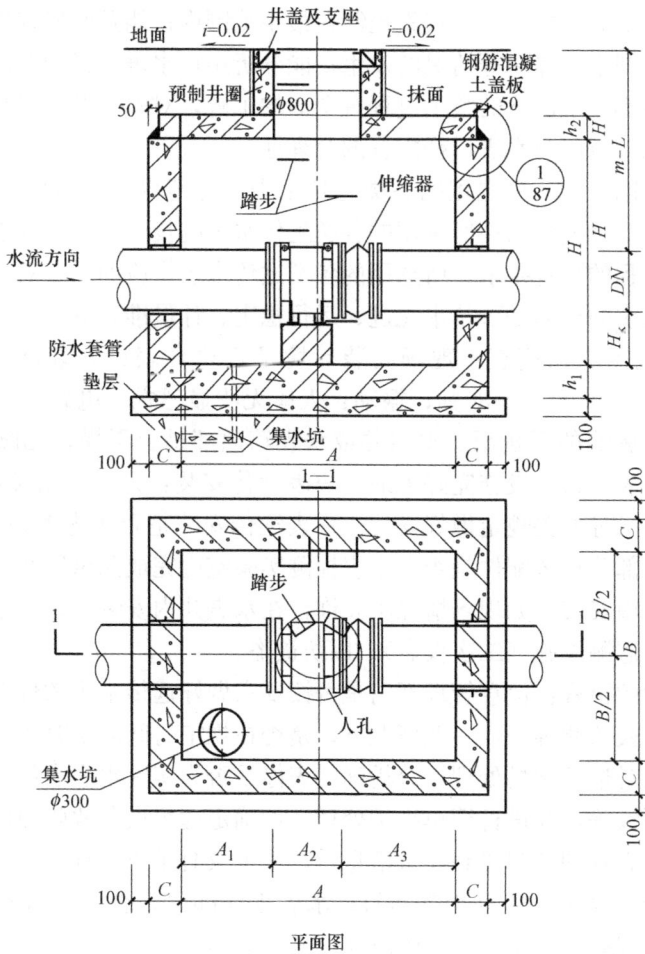

图 4-2　流量计井大样图（流量计口径 $DN200 \sim DN600$）

第三节　远传表数据质量监控与稽查

根据职能分解，水表管理部门做好远传表的选型、远传设施的安装及运维工作，信息处负责大表监控系统的维护工作，营业分公司为远传表使用部门。营业分公司应每月出具一份所属辖区内远传表使用情况报告，内容包括：水表故障、口径配置合理性分析、异常流量分析等，报营业管理部门。稽查人员结合远传表监控系统信息，对系统使用情况进行定期分析，并对水表管理部门的安装运维、信息管理部门的系统维护及营业分公司应用的情况进行稽核。

1. 远传大表选型、安装、维护、应用的稽查

大表远传对大口径用户的用水情况进行实时监测，能及时了解其用水规律，动态掌握水表的运行状况，通过对用户的用水情况分析、统计，可以对用水异常及时处理，并能及时发现自备水回流情况。通过大表监测系统，对用户的水表状态进行实时监控，能及时发现大口径水表运行故障。当发生水表运行时走时停，表针转得慢或用水不走表等问题时能及时发现，通过采取有效措施，将损失控制在最小范围内；能及时发现用户异常用水，杜绝用户恶意偷水、漏水、停水等情况的发生；能分析用户水表口径配置的合理性，对水表处于最大流量和最小流量以下的整个过程有全面的了解，对整个供水过程中可以记录持续流量时间段，可以分析用户水表口径配置的合理性。

（1）大表选型的稽查：所选用的各类远传水表的远传设备是否同公司在用水表相匹配，方便改装，可以互换使用；所选用的各类远传水表的技术指标、性能参数等是否符合国家有关标准、规程的规定要求；所选用的各类远传水表供应商是否具有优质的品牌信誉和售后服务，所提供的产品是否技术先进、运行稳定、计量准确等。

（2）安装环境条件的稽查：现场安装环境是否符合表计安装环境要求，如温度：−4～45℃；相对湿度：45％～80％；振动：人体无明显感觉；电磁干扰：不应有对远传监测设施带来严重影响的干扰源。水表井或水表箱内部是否干燥，无腐蚀性污染物、污水、严重积水等，表井盖等设施完好无缺。户表远传安装：是否严格按照国家有关标准、规范及厂家技术要求等相关规定做好安装。户表远传安装是否优先考虑专用水表管廊井。大表远传安装基表部分远传配件是否在水表检测实验室内完成测试安装。大表远传是否优先考虑水表井外围墙安装。如现场情况不允许，在水表井内安装时是否采取加固措施，用于存放、安装远传监测设施（二次仪表），以防被盗。

（3）系统维护的稽查：信息管理部门是否按要求做好远传水表软件系统的技术选型及维护管理；远传水表监测维护，一般情况下，是否在规定时间内及时发现远传水表监测运行异常现象，并及时进行现场处理，分析确定表停是否为实际水表表停；无数据上传是否为现场杂物堆压所致等，并进行简单维护处理，如确定远传设备故障原因，是否及时上报水表管理部门；水表管理部门接到异常信息后，是否及时予以处理，特殊情况外，一般故障是否在48h内处理完毕，恢复正常运行；水表管理部门是否及时做好运行维护管理台账，台账内容主要包括故障站点、故障时间、故障原因、故障处理方法、维修人员及维修成本等项目；是否定期做好各类远传水表的例检维护管理，包括表井升高、远传设备移位安装等。一般情况下，例检每年不少于一次；是否做好现场远传大表安装环境的维护管理，确保表井内无积水、污水，防止杂物堆压；营业分公司需要进行供水管网施工等影响远传监控设备正常运行的操作时，是否提前告知水表管理部门做好远传监控设备的保护措施；有无在水表管理部门人员不在场情况下，擅自操作、挪用远传监控设备现象等。

（4）远传大表应用的稽查：远传大表管理部门是否定时关注大表远传监测运行状态，及时发现设备数据停走、倒流、移动等监测异常或报警现象，产生异常信息，是否先到现场确认实际情况，如发现设备故障造成，是否及时按流程上报落实处理，及时恢复正常运行；是否定期分析远传水表监测数据，准确掌握用户用水状况，为漏损控制、用户服务等提供分析依据；是否定期分析远传水表监测数据，准确掌握用户用水变化规律，为水表口径、型号合理性分析等提供参考依据，每月不少于一次；是否定期做好大表远传监测数据核对工作，一般情况下每月不少于一次，利用人工现场抄见的水量数据同远传监测的采集数据进行核对，并做好核对记录；大表远传监测数据同人工现场抄见数据的绝对差值应不大于水表基表底度的 0.5%，如果超出允许误差范围，相关部门是否及时查找原因，落实检修，2 个工作日内恢复正常运行。

2. 远传小表接收、应用、运维的稽查

随着信息技术在供水行业中的广泛应用，小口径水表通过远传自动集中抄表，为分析用户用水变化规律及监控水表故障等异常现象提供可靠手段。住宅小区远传抄表经营业分公司申请启用、数据比对、提出异常整改和每月编制远传水表报表等，与水表管理部门进行数据对接，真正实现抄表与漏损控制同时兼顾，从而降低损失。稽查人员通过历史用水量的统计分析，系统、客观地来判断远传水表的运行状态。

（1）一户一表远传小区接收稽查标准

1）远传抄表

采用远传抄表方式进行联网抄表，结果必须正常、远传数据完整。

2）现场简抄

抽查 3～5 个单元的分采集箱，利用红外线现场简抄，结果必须准确、远传数据完整。

3）抄表数据准确性

抽查用户总数 10% 的水表，核对基表度数与远传数据是否一致、准确，两者误差要求小于 $1m^3$。

4）远传布线

① 采用的远传信号线必须符合指定产品要求，每芯截面直径 0.5mm。

② 采用的 485 通信线必须符合指定产品要求，每芯截面积 $1mm^2$。

③ 必须采用 PVC 穿线套管进行保护。

④ PVC 穿线套管穿楼层孔处必须防水密封处理。

⑤ 地下室桥架必须有布线走向标识。

5）主采集箱

① 现场安装环境必须干燥、卫生良好。

② 必须牢固固定在墙上或管道井内，高度不低于 1.5m。

③ 主采集器现场是否进行编号并标明安装日期。

④ 主采集箱电压应大于 7.2V。

6）分采集箱

① 必须牢固固定，高度不低于1.5m；同水表及水管的距离均不小于20cm。

② 分采集箱编号必须明显、清晰标注。

③ 水表房号必须清晰、准确标注门内侧。

④ 分采集箱电压应大于7.2V。

⑤ 检测传感器功耗，符合标准要求。

⑥ 具备历史数据存储功能，能正常输出。

7）水表信息

远传抄表系统中水表信息与公司营业系统中相关信息要求一致、准确。

8）布线竣工图

现场核对布线竣工图纸信息与实物要求一致、准确。

9）档案资料

必须提供电子版和纸质档案资料各一份，包括买卖合同、基础信息表、布线竣工图纸。

10）设备资料

① 现场安装的产品、设备必须同合同中所规定的数量、质量一致。如有不一致，必须提供双方确认的证明资料。

② 必须提供生产厂家的使用说明书及各种产品合格证。

（2）远传水表的应用稽查

稽查营业分公司是否正确使用远传监测系统开展户表水量抄收工作。一般情况下，每月应不少于使用一次远传联网抄表或红外线抄表，并做好数据保存、应用；营业分公司是否定期做好户表远传监测数据核对工作。一般情况下，每半年至少核对一次，并利用人工现场抄见的水量数据同远传监测的采集数据进行核对，做好核对记录，统一上报水表管理部门。户表远传监测数据同人工现场抄见数据的绝对差值应不大于1m³，如果超出允许误差范围，分公司是否到现场进行户表底度复核，确认设备故障后，是否及时上报水表管理部门落实检修，恢复正常运行。

第四节　计量器具周检稽查

水表作为一种用于贸易结算的计量器具，是属于国家重点管理计量器具之一，其计量准确与否，将直接关系到供、用水双方的经济利益，也是实现公平计量、民生计量的重要环节。如何提高在装水表的计量准确性，一直是供水企业计量管理工作的重中之重。

然而，不同口径的水表有着不同的流量特性，受用户的实际用水量变化影响，如同一口径、不同用户的水表实际用水量大小也不一样，用户用水规律与水表计量特性不匹配的现象更为突出，除了水表选型方面的原因以外，水表检定周期不合理也是严重影响在装水表计量准确性的重要原因之一。

为充分发挥水表周检的作用与效果，稽查人员通过对在装水表计量性能分析与调表周期监管，并找出水表一般周检管理模式存在的不足，提出了水表新周检管理模式，来确保水表周检经济合理、科学有效。

1. 水表动态周检年限

（1）普通结算表口径为 $DN20$、$DN25$，周检年限改为 $2\sim6$ 年；其他口径结算水表周检年限不变。

（2）结算消防表口径为 $DN40$、$DN50$，周检年限改为 $0.5\sim4$ 年；口径为 $DN80$ 及以上周检年限改为 $0.5\sim2$ 年。

（3）考核表口径为 $DN80$ 及以上周检年限改为 4 年，其他口径考核表周检年限不变。

（4）新增季抄季收考核表周检，对于口径为 $DN20$、$DN25$ 考核表周检年限为 $2\sim6$ 年，口径为 $DN40$ 周检年限为 $0.5\sim4$ 年。

（5）对市政消防表（非结算）有水量产生的（包含绿化、环卫定点取水）必须每 2 年动态周检一次；对于无水量产生的市政消防表，按公司相关规定进行消防例检或者在线水量比对法进行检查。

2. 水表周检

水表管理部门对水表调换实行专业化管理，水表周检计划通过统筹安排，调表任务合理分配，方便灵活做到区域之间动态调节，使水表周检及时率可以得到较好保证。稽查人员应对水表调换以下几个环节重点开展核查：

（1）普通表周检检查

1）根据调表任务单，居民用户应提前 24h 在楼道口张贴"调表预告单"，单位用户应提前一天先电话联系，确定停水时间。

2）调表后工完场清，记录旧表表身号、止度，新表表身号、起度。

3）完整、准确地填写"调表通知单"并送达用户。

4）新表与旧表的领用、回收接交情况。

（2）远传表周检检查

1）远传水表的周期检定管理应严格按照公司内部相关表务管理制度有关规定执行。

2）水表调换部门在安排远传水表周检更换前，需提前通知远传设施管理部门，尽量做到在水表周检更换时，双方同时到场，避免远传监测设施破损，确保水表更换后远传监测恢复正常运行。

（3）动态表周检检查

1）计划制定。水表管理部门从计量性能分析，每月编制下个月公司需动态周检的计划，报营业管理部门审核后转信息管理部门录入系统后实施；在装水表计量分析和整改仍由水表管理部门负责，营业分公司配合整改，水表管理部门每个月把需要计量整改的水表（大表小流量或小表大流量）报营业管理部门确认，年度按照责任制考核。

2）计划实施。水表周检后的加调由水表管理部门及时录入系统。水表调换的政策处理，以营业分公司为责任主体，但必须由水表管理部门先行处理。

3）前期无法调表的清单由水表管理部门进行一次罗列，经营业管理部门核实后，再由营业分公司反馈具体处理意见；水表管理部门在水表周检过程中如遇水表抄错、门关、堆压等引起水量上有纠纷的水表可以不更换，其余的由营业管理部门核实后，营业分公司再自行更换，信息管理部门在综合台账中增设周检未完成明细及说明报表；因小区改造引起的水表堆压、移位问题，由引起部门负责落实处理。

（4）故障水表调换检查

1）计划实施。破、停、糊等故障水表更换及系统录入按公司制度执行；相关部门编制备用水表需求，向水表管理部门借用水表，更换后的水表录入由营业分公司出工作联系单，水表管理部门系统操作。

2）用表流程。信息管理部门在系统内部审批流程中增设借表流程，并在营业分公司名下增设人员权限，人员名单由营业分公司自报；营业分公司按流程借用水表后，水表管理部门需在营业系统中按营业分公司做好水表出仓工作，同时营业分公司在综合台账中做好水表台账动态操作工作。

第五节　计量器具资产管理稽查

1. 库存新表的稽查

营业分公司每个月定期根据实际需求编制采购计划，注明用途和拟装地点，并经相关部门审核后交水表管理部门，水表管理部门根据实际情况，本着经济、合理的原则核定水表型号、数量及编号，汇总审核平衡后报公司批准和移交采购部门。所有新购水表由水表管理部门验收、入库保管，并将表号录入营业管理系统。稽查人员根据营业管理系统报表定期进行进出账核查与实物核对。

2. 工程发表的稽查

（1）工程管理人员应对工程是否具备装表通水条件进行验收，核对水表用途与数量，签发验收单。营业分公司表务管理人员根据工程验收单，开具发表单，签署意见后报部门负责人审批，水表管理部门根据审批后的发表单发表，并在营业管理系统中录入已发水表信息。

（2）施工时水表必须按配表清单进行安装，如同一工程一次发表在 20 只以上的，配表单上可只列表号，安装地址由施工人员安装完毕后补充完整，配表单返还时间应在发表日后 10 天内，特殊情况的，配表单返还时间由分公司和安装部门协商，但最长不超过 20 天。

（3）安装完毕后配表清单由营业分公司工程管理人员负责收回，核对数量、口径、用途等相关信息。一式两份分别移交营业分公司表务管理人员和用户管理人员。

（4）用户管理人员收到配表清单后，依据验收单、发表单校对户名、地点、表身号、水表口径、数量，核对无误后，相关用户资料录入营业管理系统，完成立户工作。立户工作原则上不得跨月。对暂不接收立户的小区一户一表应有详细的安装清单，包括小区名称、幢号、单元、房号、表身号、汇总数量等，以电子表格存档，作为待立户管理台账的备查。用户管理最终要根据表务管理的"发表清单"核对立户（待立户）情况。

3. 计费水表的稽查

计费水表作为供水企业与用户进行结算的计量器具，在供水系统中起着极其重要的地位，计费水表的漏抄、误抄和缺失都会影响营业管理和行风建设。加强水表的日常管理，提高现代化管理水平，稽查人员从核查营业系统相关报表着手，适时开展立户表、待立户表、暂拆表、销户表、丢失表的报表数与实物数稽核。

（1）立户表。根据每月抄表表册编排信息查核在装用户表总量，不到位宜产生漏抄；查核"三没表"（堆压表等）的处理情况，不到位宜产生水表缺失；查核待立户表的动态管理，不到位宜产生漏立户。如发现问题及时出具工作联系单转相关营业分公司处理。

（2）暂拆表（欠费拆表、用户报停表）。因欠费等原因须暂拆水表时，相关部门出具联系单，由调表人员负责拆除后交表务管理人员保管，暂拆信息应登录营业系统；复装时，表务管理人员根据用户拆装费收据和联系单发表，取消营业系统暂拆信息，并通知调表员复装。暂拆水表不必变动水表账务。

（3）销户表。水表销户根据用户申请或管理需要，按表号、户名、安装地址填写拆表审批单，调表人员根据拆表审批单现场核对后拆表，并记录水表止度，水表拆除后应立即归库。保管员应登记台账。表务管理人员按照拆表审批表输入有关信息。水费收回后，用户管理人员在营业系统中销户，拆表审批表归入用户档案。

（4）丢失表。营业分公司应定期对水表仓库进行盘点，对拆、换、周检执行情况进行跟踪，如发生水表数量不符等情况应及时进行查处。发生水表丢失，应填写水表赔偿审批单，说明丢失的原因和责任，提出处理意见，待赔偿费用收回后，表务管理人员凭赔偿审批单发表，在营业系统更改相应档案。营业分公司应详细登记已丢失水表的表号，并在发现丢失后三日内以书面形式报水表管理部门备案。

4. 流量计、考核表的稽查

流量计、考核表是用来考核供水和用水之间的平衡关系、防止水量漏失的一种计量工具，其设置的合理性和经济性直接影响供水企业的经济效益和社会效益。稽查人员查核要点：

（1）根据公司管网运行、区域计量等要求查核流量计、考核表增设及安装情况，其安装是否符合相关流量计、考核表的技术与分析要求；

（2）是否制定流量计、考核表年度或分月的比对计划，并根据巡检制度制定巡检计划，是否根据流量计、考核表的重要性、区域性等进行分类；

（3）营业分公司分区计量或其他用途的流量计、考核表是否每季或半年度等进行巡检和抄核，并根据公司相关制度要求进行定期巡检和比对；

（4）对流量计、考核表的比对、巡检、维护等工作，是否做好相应的记录，记录的时间要求不得迟于次月底；定期（每月）做好流量计、考核表水量误差分析报告，并按要求做好半年度或年度的分析总结工作。

5. 周转表的稽查

周转表的稽查就是对仓库及仓库内的各档水表进行管理，水表管理部门对待检表、送检表、在检表、已检表、报废表等各环节实行动态管理，稽查人员根据周转表流程图（如图4-3所示）各环节，核对各档水表的进出台账及检查水表检修质量。

（1）送检水表接收稽查

1）检查周转表接收人员在接收送检水表时，是否向送检人员交代清楚水表分类放置位置和堆放高度等注意事项（要求水表箱堆放整齐划一，货架上的水表应按口径分类放好，保持仓库整洁有序）。

2）检查周转表接收人员对送检水表是否进行清点，确认送检表实际数量与报送的数量一致。

3）故障表接收检查，接收人员对营业分公司送检的故障表是否进行确认，并要求放置在专用的货架上或相应的位置处。

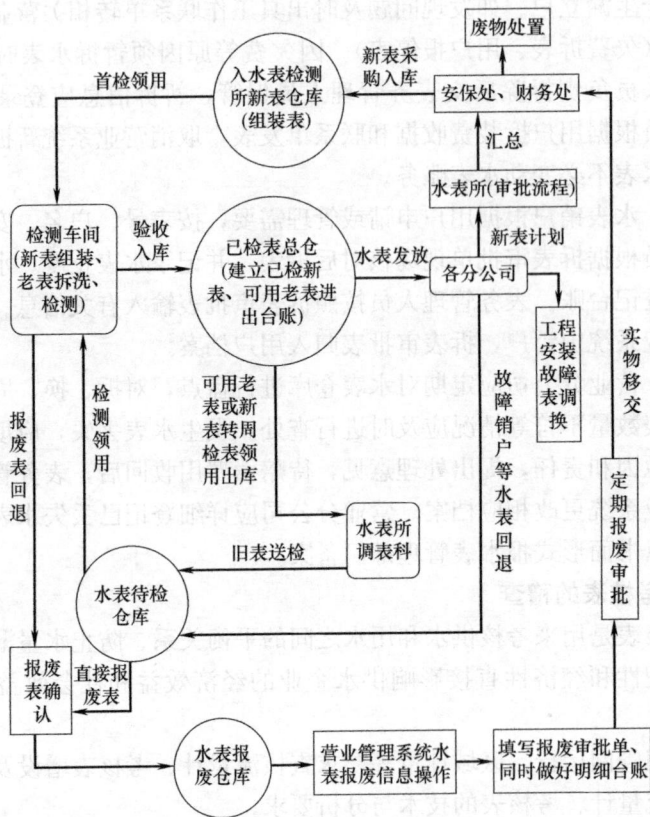

图 4-3　周转表流程图

（2）水表发放稽查

1）检查水表发放人员是否确认营业分公司水表计划，并根据营业分公司水表计划发放水表，营业分公司凭领料单领表；领料单注明水表计划日期或计划编制，次月补等。

2）检查水表发放人员是否确认营业分公司领料单据，检查料单上的相应人员签名和用途（工程项目等）以及相应的水表计划日期等，符合要求的发放水表；领料单不符合要求或无领料单的一律不发表。

3）检查水表发放按领料单上所填写的水表型号、水表数量发放相应水表；水表发放时，水表发放人员记录相应的表身号和表型号，$DN15$ 的周转表按箱发放，发放前应准确核对好箱编号及箱内表身号，并在营业系统中作相应的出库手续。

4）借用表的检查，发放借用表时，水表发放人员要确认水表借用单据，借用日期，相关人员签名，在相关单据上应记录表身号、表型号外，还应记录水表底度。

5）检查是否定期做好水表发放月报表和营业分公司借用报表。

（3）水表拆洗稽查

1）检查水表拆装人员是否定量和按类领取待检水表并进行拆卸。

2）水表拆卸检查。拆卸水表应根据相关操作要求执行，对第一类和第二类的水表机芯将重新检修后回用，检查外观良好的表壳和铜罩是否继续回用。

3）水表浸泡检查。小口径水表的表壳和机芯在拆卸后要放入有草酸溶液的水槽或钢桶内作浸泡，检查机芯放入浸泡桶时是否应轻或打散机芯整体。

4）水表清洗检查。检查水表壳、铜罩清洗是否刮除上面附着的锈垢、水泥等污垢，保持水表壳体内外和铜罩表面的干净整洁；玻璃清洗时要清除玻璃表面的锈斑和污物；机芯清洗时是否整个机芯保持一致，不应被打散成零散的配件。

5）水表报废检查。检查在拆卸过程中，是否对外观有破损或锈蚀严重的表壳或铜罩作报废处置；在清洗过程中，再发现有破损、裂纹的表壳或铜罩再作报废处置，对有毛边、破损、表面糊的玻璃挑出作报废。

6）水表存放检查。检查清洗好的表壳是否放置于专用的货架上；清洗好的铜罩是否放入塑料箱内，以备后一道抄号、磨号程序；清洗好的玻璃是否放塑料箱备装表时使用。

7）报废整理检查。报废表壳是否统一装箱（16～18只）和按要求存放，并填写报废铜罩、表壳退回单据。

（4）水表装修稽查

1）水表机芯再利用检查。清洗好的机芯水表装修人员是否进行检查，检查中发现有问题的机芯再作报废处置，可用的机芯要做检修处理。

2）水表机芯归零检查。小口径水表机芯修理回用时，是否对其底度归零，并按要求进行内置水表号码牌更换，对于大表是否将计数器归零后再安装。

3）水表机芯调试检查。水表机芯是否按要求进行调试，确保水表调节孔开度和部件间隙合适、内部叶轮和齿轮咬合良好，指针转动灵活。

4）水表机芯装配检查。小口径表装配过程中，是否按要求将处理好的机芯轻放入表壳内，机芯上的楔尖对准并插入表壳凹槽内；安装好机芯的表壳，按顺序放上橡皮垫圈、表玻璃、塑料垫片和铜罩，并适度旋紧铜罩；大口径表装配时，是否按序拆卸法兰盖，更换新机芯和橡皮 O 型圈后再装配。

5）水表存放检查。装配好的小口径水表是否统一装入专用的塑料周转箱内，并按要求堆放至规定区域。

（5）水表检测稽查

1）水表检测外观检查。稽查检测人员是否结合水表检定进行外观和功能检查，对装修好的水表进行适当检查，把有质量问题（比如玻璃碎、铜罩、表壳有破损等）的水表进行剔除返回重新装修。

2）水表检测规范性检查。稽查检测人员在水表检测时是否严格按《冷水水表检定规范》JJG 162—2009 及水表检定操作规程等文件要求执行；水表检测完毕后，是否在任务流转单上按要求规范填写水表号、箱编号、日期、检测人等。

3）水表检测记录检查。稽查检测人员是否按检定规程要求认真填写水表原始记录，所要求填写的内容字迹清晰、信息充分。

4）水表检测铅封及装箱检查。稽查检测人员是否将已经检测合格的水表按要求及时进行铅封、装箱和有序摆放。

（6）水表质检稽查

1）水表质检检查。稽查质检人员是否按要求严格按《水表检定规范》JJG 162—2009 及水表检定操作规程等文件要求执行，是否对所抽检的水表的常用流量、分界流量、始动流量开展检定。

2）水表质检封样稽查。稽查质检人员在质检过程中发现不合格的，是否重做确认；确实不合格的，是否及时做好封样和信息反馈工作；水表铅封、铜罩、罩盖等有问题的，是否及时做好信息反馈工作。

3）水表质检记录检查。稽查质检人员是否按要求及时做好质检记录，记录信息是否完整充分。

（7）外来用户检定检查

1）外来用户受理检查。稽查综合管理人员是否按要求受理外来用户检定委托事项，事前先问清用户要求、告知相关政策等，沟通协商一致并填写好委托协议。

2）外来用户检定检查。稽查检定人员是否严格按《水表检定规程》JJG 162—2009及水表装置操作规程等文件要求执行，并在常用、分界、最小三个流量点下检定；检测流量点是否选择检定规程提供的参考流量点或水表厂标注的流量点。

3）外来用户记录检查。稽查检定人员是否按检定规程要求认真填写水表原始记录，所要求填写的内容字迹清晰、信息充分，不能有遗漏项。

4）出具证书和收费检查。稽查是否根据检定数据出具证书一式二份，并由检测人员、核检人员、审批人员签字、盖章，一份交用户，一份存档；是否依据收费要求对用户进行合理收费，并向用户出具相应发票。

第五章

供水服务质量的稽查

优质服务是供水企业的生命线，在新形势下，优质服务工作不仅是全面履行企业社会责任、共建和谐社会的重要组成部分，也是树立良好企业形象、持续提升公司品牌价值、改善公司经营环境的有效手段。

供水服务涉及供水营销工作的各个环节，因此服务质量的稽查也无处不在，本章主要从供水售后服务质量角度出发，分别介绍对供水服务时限、供水质量、窗口服务、信息服务、故障抢修、规范停水、投诉举报等工作质量如何开展稽查。业务受理、抄表收费等环节在其他章节中已经阐述，在此不另作赘述。

第一节　供水服务时限稽查

供水服务工作时限是营销工作重要组成部分，也是供水企业对外公布的服务承诺，更是评价服务质量一个重要指标。以绍兴为例，早在 2012 年向社会公开推出供水"20min 服务圈"服务举措，促进供水服务效率再提升。各供水企业要结合当地实际，根据企业自身条件，向社会公布服务承诺。特按类别汇总服务项目时限要求，供稽查时参考。

（1）查询（咨询）：即时答复；不能即时答复的应做好详细记录，2h 内做出响应。

（2）无水：不超过 24h。

（3）水质问题：不超过 24h。

（4）抄表收费：不超过 24h。

（5）水表计量：不超过 24h。

（6）欠费复表：不超过 4h。

（7）管道漏水：30min 到达现场，小修 6h 内完成，中修 12h 内完成，大修 24h 内完成。

（8）消火栓破损：30min 到达现场止水，6h 内修复（属于用户产权的须通知产权单位）。

（9）井盖破损：1h 内到达现场并做好警示标记，4h 内处理完毕（需砌井的延至 36h，但须做好安全设施）。

（10）其他服务（指一般的用水、水费及用户信息变更等服务）：不超过 1 个工作日。

（11）其他投诉（指作风、效率、赔偿等）：一般投诉不超过 2 个工作日；对较为复杂或涉及两个以上部门的投诉，不超过 5 个工作日。

第二节　供水质量稽查

自来水作为一种特殊商品，供水质量重要性不言而喻，管网水质、水压作为供水营销工作一个重要环节，对评价供水服务质量好坏产生至关重要作用，开展管网水质、水压稽查工作很有必要。

1. 水质的稽查

（1）水质标准

1）供水水质应符合《生活饮用水卫生标准》GB 5749 规定。

2）水质监测的采样点选择、水质检验项目和频率以及水质检验项目合格率应按《城市供水水质标准》CJ/T 206 要求执行，其中，管网水水质 7 项各单项合格率不应低于 98%。

3）二次供水设施的卫生和处理要求应按《二次供水设施卫生规范》GB 17051 要求执行。

（2）水质检（监）测

1）水质采样检测工作应符合水质管理有关规定要求，专用采样水龙头采样前需提前做好排放和消毒工作。

2）水质管理部门做好对用户末梢水质的抽检和跟踪检测，掌握到户水质情况。

3）在线监测点根据管网布局定期更新与调整，并建立台账。

4）在线监测应包括浑浊度、余氯、pH 等项目，按水质管理有关规定对准确率、合格率和无故障运行率进行统计。

5）在线水质仪表进行定期维护并建立台账，重要监测站点每月维护不少于两次，其他监测站点每月不少于一次。

（3）管网冲洗排放

1）根据管网水质分析结果，做好供水管网的动态冲洗排放，住宅小区、农村末梢管线的日常冲洗排放。

2）管道修理、工程施工、换表等供水管网停水作业后均需进行冲洗排放，排放水质合格后方可恢复通水。

3）排放结束后，水质以现场检测色度不大于 15 度并保持 10min 为合格。

（4）二次供水（高层、山区）水质管理

1）开展二次供水（高层、山区）用户普查工作并动态建立台账。

2）根据山区用水特殊情况提出水质管理需求，制订专项措施（排放、补氯等）方案，并具体执行。

3）每半年组织一次对二次供水设施的清洗消毒和未移交高层的水质检测，并建立记录台账。

4）二次供水设施清洗消毒后，其水样须经水质管理部门检测合格，方可投入使用。

5）直接从事二次供水清洗消毒及水质检测的工作人员，必须取得健康证后方可上岗。

6）高层住宅二次供水止回阀进行每年不少于一次的例检。

（5）自备水用户管理

1）自备水用户表后须安装止回阀，自备水用户止回阀每年安排一次例检。

2）装有远传水表的自备水用户，进行数据监控分析，出现水量数据异常及时上报、处理。

3）每年开展不少于一次的自备水用户的用水情况稽查，一旦发现自备水管网与市政管网连通，及时处置。

2. 水压的稽查

供水压力是供水质量的一部分，保障持续不间断供水是供水企业职责所在。在开展供水压力稽查时，管网水压合格率是否不小于 98%，直供住宅配水点前流出水头是否不小于 0.05MPa。

（1）由于工程施工、管道维修或检修等原因需计划性停水或降低水压，应提前24h通过新闻媒体或张贴通告等形式通知受影响的用户，并按时恢复供水。停水或降压超时应再次通知用户。通知内容包括：停水或降压原因、停水或降压范围、停水或降压开始时间、预计恢复正常供水时间。

（2）遇突发性爆管抢修停水或降低水压，在抢修的同时应及时通知用户，并尽快恢复正常供水。若在 16 时至 20 时生活用水高峰期间未能恢复供水的，应当采取应急供水措施，保证居民生活用水的需要。

第三节　窗口服务稽查

1. 营业环境的稽查

供水企业营业窗口应科学布点、规范设置。窗口内、外部环境应满足《供水服务规范》和《供水营业窗口规范化建设标准》的要求。稽查时可会同专业部门开展集中检查、交叉检查，也可以通过暗访等形式，重点检查营业窗口"6S定置管理"是否到位，检查营业场所"三公开"情况，检查营业窗口环境是否整洁、区域设置是否合理等内容，营业窗口应放置免费赠送的宣传资料，公布对外承诺制度和服务投诉电话，设置意见箱或意见簿。

2. 服务行为的稽查

对营业窗口和热线工作人员服务行为的稽查，可与稽查营业环境同时进行，稽查时重点围绕以下方面：

（1）检查工作人员是否统一着装、佩戴工号牌；仪容仪表是否美观大方。

（2）通过查阅报表，检查业务传递是否准确、及时。

（3）检查是否按营业时间牌公布的时间受理客户业务。

（4）营业人员办理各项业务时，是否认真实行首问负责制、限时办结制和一次性告知制。

（5）现场查看窗口工作人员服务行为，倾听热线话务员通话情况，检查服务态度是否端正，是否存在冷漠、烦躁现象。

（6）通过调阅客户对营业窗口、热线话务员服务行为的评价结果，检查客户对服务行为的满意率。

第四节　信息服务稽查

信息服务涵盖各行各业，在供水营销工作中也被广泛应用，聚合各类供水信息，为广大客户提供无处不在的信息化服务，开展供水信息服务的稽查，促进供水营销水平提升。

1. 信息内容的稽查

稽查向客户提供供水服务信息，应包括：水质信息、水压信息、降压及停水信息、业务办理流程、收费标准及结算方式、服务联系方式、服务标准、对外服务承诺以及执行情况、供水服务规章制度、供用水常识、节约用水知识等。

2. 信息渠道的稽查

稽查信息传递渠道是否齐全广泛，包括：电话、短信、微信、网站、电视、广播、报纸、营业厅、宣传手册等。

3. 信息畅通的稽查

稽查营业、呼叫等客户信息系统是否保持正常运行，电话、短信、微信等与客户之间信息传递渠道是否正常畅通，发送或推送信息是否正确。

第五节　故障抢修稽查

当出现供水中断、供水管道破损等异常时，客户将通过供水服务热线等方式申请报修，供水企业提供24h供水故障报修服务，对供水报修请求做到快速反应、有效处理。稽查故障抢修工作质量可主要通过查阅记录和现场稽查的方式进行。

1. 查阅记录

检查热线客户服务系统记录的时间，实行服务过程监管。通过查阅热线客户服务系统，调阅故障抢修各环节记录，详细检查客户报修事件、下派工单时间、抢修人员到达现场时间、抢修结束恢复供水时间等。同时，可以借助现场拍照、回访单等记录，对故障抢修过程进行监督。

2. 现场稽查

深入故障抢修服务现场，检查抢修人员是否统一着装，服务行为是否符合现场服务规范。不定期开展模拟客户供水故障，拨打供水热线，检查故障抢修人员到达现场时间。

第六节　规范停水稽查

1. 计划停水的稽查

重点检查计划停水是否提前24h对外发布公告并通知重要客户，对外公告的方式是否科学、适用。重点对照生产调度部门的停水计划，检查对外公告的内容是否准确，有无遗漏，检查通知重要客户的记录是否完整。

2. 临时停水的稽查

主要检查因供水管道故障需要临时停水、限供或者低压供水时，是否严格按确定的方案进行停水、限供或者低压供水，是否已经事先对外公告，是否设立应急送水服务点。

3. 欠费停水的稽查

供水企业因为需要进行停水催费时，应严格按照地方城市供水管理办法有关规定执行。

稽查时应重点检查是否制订了欠费停水审批制度，查阅催费通知记录，检查欠费停水程序执行情况，工作人员是否提前 5 天通知客户。

稽查人员还可通过回访客户的方法，了解供水企业规范停水程序的情况，了解客户交清水费后是否及时恢复通水。

第七节　投诉举报稽查

供水企业为广大客户提供自来水供应及相关服务行为，客户可以通过各种渠道反映在接受供水服务过程中遇到的问题，供水企业应按照要求认真受理。

1. 投诉举报受理渠道的稽查

投诉举报受理渠道包含供水热线、营业场所设置意见箱或意见簿、信函、供水服务网站、微信公众号、领导对外接待日、上级部门接待日及媒体登载等。接到客户投诉或举报时，应向客户致谢，详细记录具体情况后，立即传递到相关部门或领导处理。同时，各单位应明确一个职能部门定期汇总统计本单位受理供水服务投诉举报的信息，稽查供水服务受理渠道时应注意检查以下内容：

（1）检查受理渠道是否对外公布，公布的方式是否便于客户获悉。

（2）检查受理部门的记录是否完整，受理记录应包含受理时间、受理部门、受理人、投诉举报内容及承办部门等。

（3）对照各受理渠道的原始记录，检查汇总部门的统计是否完备，是否存在遗漏现象。统计信息应包含投诉举报数量、投诉举报内容、受理时间、受理部门、承办部门及处理结果等。

（4）对涉及客户隐私的资料，检查受理部门、承办部门是否严格遵守保密纪律。

2. 投诉举报满意率的稽查

投诉举报后客户对供水企业办理情况的满意率，是检验工作质量的重要标准。稽查时主要查阅满意率报表、调阅回访记录，调听回访录音，核实客户满意率统计数据的真实性，必要时稽查人员可选取部门投诉举报进行回访抽查，确认客户对处理结果的意见。对客户不满意的投诉事件查明原因，属于人为责任的提交有关部门进行考核。

3. 投诉举报异常整改的稽查

主要稽查营销管理部门是否制订本单位投诉举报工作制度和考核办法，对经查属实为未按要求办理的投诉举报，是否严格进行了考核处理，是否举一反三进行认真整改，防范类似事件的再次发生。

第六章

违约用水稽查

本章介绍供水稽查依据国家有关法律、法规，国家政策和水务企业有关规章制度，对本企业从事反偷水和用水监察部门的工作人员处理用水客户违约用水、偷水过程中的工作进行稽查，通过对违约用水、盗用公共供水查处等稽查方法和基础工作的叙述，运用稽查工作流程，对查处违约用水、盗用公共供水过程中各环节应注意的情况进行详细的讲解。

第一节　违约用水查处工作稽查

违约用水查处工作稽查，是对供水企业用水监察人员在处理违约用水过程中的工作质量进行稽查，是对该环节在维护营销市场规范性工作的监督，主要工作内容围绕用水监察部门正确执行国家政策、法规的准确性，加强企业内部管理制度的执行，保障企业社会形象和经济利益不受损失。

1. 违约用水的界定

用户不得有下列危害供水、用水安全，扰乱正常供水、用水秩序的行为：

（1）擅自改变用水类别（改变用水性质及擅自转供水的稽查）。

（2）擅自迁移、更动或者擅自拆装用水计量装置、供水设施的行为。

（3）擅自引入、供出水源或者将自备水源擅自与公共供水管网并网使用。

2. 对违约用水查处的稽查

【法律依据】

《浙江省城市供水管理办法》第三十四条　禁止城市用水用户有下列行为：（三）擅自改变用水性质和用途。

《城市供水价格管理办法》第二十九条　混合用水应分表计量，未分表计量的从高适用水价。

（1）用水性质的稽查

1）对照现行水价，应符合当地发展和改革委员会现行水价的执行以便现场进行水价核实，并与开具的财务发票相符合。

2）稽查用户原始报装《用水申请书》《变更用水申请书》《供用水合同》以及供水营

· 44 ·

销系统资料的查询，对有疑问的做好工作记录，以便现场对现行水价稽查核对。

3）现场处理对照现行水价，填写《用水性质调整通知》（详见附录一）现场用水水价的执行应符现行水价。填写的有关违章用水检查内容、违约用水的性质以及违约用水的具体时间，用水稽查人员、违章用水者应签章以示负责。

4）对照《供用水合同》的有关规定，违约用水者应按规定补交违约用水的差额水费或基本水费，财务发票应注明补收水费差价字样。

5）用户现场实际用水情况与合同内用水性质不符，为擅自改变用水性质。供水营销人员应取得证据做好工作记录并及时书面通知有关部门予以处理。

6）处理的流程

① 人员规范：现场稽查工作，稽查人员不得少于两人，须向用水客户出示《工作证》并介绍工作程序，取得用水客户的支持与配合。

② 现场调查取证：现场对违约行为调查取证，做好图像取证工作。

③ 现场处理：根据违约事实，询问违约当事人（单位），说明违约情况、相关依据及初步处理意见，开具《用水监察通知书》（详见附录二），用户拒绝签字认可的，张贴通告并拍照取证或通过挂号信寄达。用水性质调整的开具用水性质调整通知，用户拒绝签字认可的，张贴通告并拍照取证或通过挂号信寄达。

④ 处理执行：处理部门按违约事实做出相应处理，对于混合用水用户原则上从高计价，特殊情况的，处理部门按违约用水实际情况计算差价和混合用水比例，经内部审批流程审批确定。

⑤ 违约责任人未按通知书要求按时接受处理，违约责任人5个工作日未来处理的，用水监察部门联合执法部门共同处理。

（2）私自拆卸、改动、倒装计费设备及设施行为的稽查

【法律依据】

《浙江省城市供水管理办法》第二十三条　任何单位和个人未经依法批准，不得改装、迁移或拆除公共供水设施。

1）稽查用户原始报装《用水申请书》《供用水合同》以及供水营销系统资料的查询，对有疑问的做好工作记录，以便现场对实际用水性质进行核查。

2）稽查重点关注用水客户现场是否确实存在的私自拆卸、迁移、改动和擅自操作供水企业的用水计量装置及供水设施的行为。

3）稽查处理用水违约客户限期整改、恢复原状，确实迁移改动的用水客户需去营业窗口办理相关手续并支付相应的改造费用。

4）应符合《浙江省城市供水管理办法》的具体规定：

第二十三条　任何单位和个人未经依法批准，不得改装、迁移或拆除公共供水设施。

第三十九条　违反本办法规定，擅自改装、迁移、拆除公共供水设施或者虽经批准但未采取相应补救措施的，由城市供水行政主管部门责令其改正，可处以500元以上3万元以下的罚款；造成损失的，赔偿损失。

（3）擅自引入、供出水源或者将自备水源擅自与公共供水管网并网使用

1）重点稽查关注的场所用水设施、加压设备、用水场所以及周边用水环境。现场稽查工作需带着问题现场稽查，认真核对，用水客户是否存在擅自引入（供出）水源或将备

用水源和城市公共水源私自并网的用水行为。

2）对有疑问的，带着问题现场稽查核对。现场稽查时，应重点稽查现场接水周围的施工痕迹，有无拆除擅自引入（供出）的管道或在使用时可即时恢复的迹象。

3）稽查处理应符合《浙江省城市供水管理办法》的具体规定：由城市供水行政主管部门责令其改正，可处以 500 元以上 3 万元以下的罚款；造成损失的，赔偿损失；对负有直接责任的国有企业主管人员和其他负有直接责任的国有企业人员，由其所在单位或者上级机关给予行政或纪律处分。

（4）通用违约处理的流程：

1）现场调查取证：现场对违约行为调查取证，做好图像取证工作。

2）现场处理：根据违约事实，询问违约当事人（单位），说明违约情况、相关依据及初步处理意见，开具用水监察通知书，用户拒绝签字认可的，张贴通告并拍照取证或通过挂号信寄达。用水性质调整的开具用水性质调整通知书，用户拒绝签字认可的，张贴通告并拍照取证或通过挂号信寄达。

3）处理执行：处理部门按违约事实做出相应处理，对于混合用水用户原则上从高计价，特殊情况的处理部门按违约用水实际情况计算差价和混合用水比例，经监察部门审核及分管领导审批确定。违约责任人按通知书要求按时接受处理，违约责任人 5 个工作日未来处理的，用水监察部门联合执法部门共同处理。

4）用户未在规定时限内前来协商处理的，涉及计量水表的，按内部制度进行审批后可拆除该违章用水户的计量水表。

第二节　盗用城市供水查处工作稽查

1. 盗用城市供水行为的界定

"城市公共供水"是法律上的称谓，我们一般俗语称之为"自来水"，它是供水企业向用户出售的产品，双方形成的是一种合同法上的买卖关系，这个合同的"标的"就是"自来水"，其未出售前的权属责任属于供水企业，是供水企业的财产，属于"公私财物"的范畴。

盗用城市公共供水：

（1）用水户包括公民、机关、团体、企事业单位和其他社会组织等，为达到不交或少交水费目的，采用隐蔽或者其他不正当非法手段不计或少计用水量的行为。

（2）以非法占有为目的，采用下列非法手段盗取城市公共供水的行为：

1）未经城市供水企业批准擅自在城市公共供水管道及附属设施上打孔私接管道的行为。

2）在水表井内拆除计量设施，直接用水的行为。

3）无城市供水企业用水计量设备的用水的行为。

4）擅自启用市政消火栓。

长期以来，普通居民通过计量仪表盗水，企、事业单位及洗浴、餐饮业等通过破坏供水管道、盗用公共消防用水的情况比较严重。

2. 盗用城市供水查处工作稽查

（1）擅自启用市政消火栓的稽查

1）擅自启用市政消火栓的行为，有着季节性、时间性和随意性的特点。一般以环卫单位、绿化单位、道路施工等工程单位私启消火栓情况为主。

① 环卫单位私启消火栓的行为。

环卫单位用水，其随意性比较突出。一般是洒水车和扫地车半路水箱内施工用水用完，工人为贪图方便，不回其单位固定加水点加水，就近看到有市政消火栓直接启用加水，这样既省去往返路程的时间又节省了油费。

② 绿化单位私启消火栓的行为

园林绿化用水有着季节性和气候性。一般以夏季高温时节天气比较干旱，花草、苗木需要浇灌大量的水来抗击旱情。园林绿化工作人员在浇灌过程中为贪图方便或因接水管线不够长，而不去绿化用水固定接水点进行接水浇灌，就近接入市政消火栓后私自启用。

③ 道路施工等工程单位私启消火栓的行为

道路施工及其他工程施工时，具有用水时间短、时间不固定、随意性比较大的特点。工程地点主要在城区和城区道路上，周边无水源地（河道、小池塘等），是私自启用消火栓的多发区。一般以搅拌水泥、道路保养等临时性用水，其用水时间短、时间不固定、随意性比较大。

2）根据擅自启用市政消火栓的行为，季节性、时间性和随意性的特点。用水稽查部门可制定的年度、半年度、月度消火栓巡查工作计划。

绿化用水违章使用消火栓时间点在每年夏季。可在每年的夏季 7~9 月制定巡查计划，对于绿化分布比较集中的道路定期巡检。

道路施工及其他工程施工时违章使用消火栓的行为的稽查。可以利用工程部门提供的施工时间，制定月度巡查计划，实时按工程进展情况进行动态更新计划。

环卫单位违章使用消火栓行为的稽查。随意性最为突出，查处难度最大。以清单形式进行稽查，也是最常规的方式。对所有的市政消火栓全年水量进行分析。对于每月长期有水量产生的消火栓，制定单项稽查计划，逐个消火栓进行排查及蹲点。

（2）盗用城市公共供水的稽查

根据盗用城市公共供水行为具有隐蔽性的特点，一般普通居民通过计量仪表盗水，企、事业单位及洗浴、餐饮业等通过破坏供水管道盗用公共消防用水的情况比较严重。

用水稽查人员以易发案的特殊用水行业用水时间和地点为重点，对洗浴业、房地产业、宾馆饭店业以及村镇用水进行重点执法稽查。在易发案时间、到易发案地点进行管线排查、现场查证蹲堵，发现问题坚决查处。

盗用城市公共供水稽查方法：

1）通过水量分析发现有疑问的用户，核对、分析疑问用水客户全年用水量变化情况，核对用水客户有关《供用水合同》、报装基础资料及工程安装资料等。

2）通过总分表分析的办法，在发现用水疑点后，对其上一级总表数据进行比对，逐月分析水量，查看用水量是否有起伏波动。

3）通过分析，带着工作记录、问题赴现场稽查核对。

4）到达现场时，应先查看水表井内情况，水表井内是否有绕过计量水表盗用城市公共供水的行为，以及计量水表是否是存在损坏、拆除、直管连接等盗用城市公共供水的情况发生。用水稽查部门应将用水客户在城市供水企业的供水设施上盗用城市公共供水行为摄像取证。

5）如何确定用水客户存在盗用城市公共供水的行为：

① 在对有计量水表的用水客户稽查时，可以通过开启用水客户内部出水口，查看水表是否在运转。其主要用来判断是否存在盗用城市公共供水的行为。

如果计量水表正常运转、水流正常、水压正常说明该路管线是通过计量水表；如果发现计量水表不运转，内部出水口水流不断且流量没有减小、水压正常的情况。在稽查过程中，应先对该计量水表是否存在损坏情况进行排查；在排除计量水表损坏运行正常的情况下，计量水表不运转内部出水口水流不断且流量没有减小、水压正常的情况，就可能存在第二路进水水源。

② 在对有计量水表的用水客户稽查时，还可以通过关闭用水客户的表前阀门，查看用水客户内部出水口是否还有自来水流出。其主要用来判断该用水客户是否存在越绕计量水表进行盗用城市公共供水的行为：

如果存在用户计量水表不运转但内部出水口水流不断流出、水压正常的情况，就可以判断存在盗用城市公共供水的行为；稽查过程中还应对用水客户是否存在自备水源接入情况进行排查，在排除用水客户没有自备水源接入情况后，方可确定该用水客户存在越绕计量水表进行盗用城市公共供水的行为。

6）现场稽查工作时，稽查人员不得少于两人，须向用水客户户出示工作证并介绍工作程序，取得用水客户的支持与配合，对破坏供水管道而达到盗用城市公共供水目的的行为确认后，如遇用水客户阻挠或破坏现场的行为，应取得执法部门的支持、配合。

（3）违章处理流程

1）现场调查取证：根据盗用城市公共供水行为做好取证工作，并做好现场检查（勘查）笔录。

2）现场处理：根据盗用城市公共供水事实，询问违章当事人（单位），说明违章情况、法律法规依据及初步处理意见。由用水稽查部门现场开具接受调查处理通知书。

3）整改或停水：违章行为处理涉及整改的，用水稽查部门开具责令限期改正通知书，涉及计量水表需暂停供水的，按公司内部制度进行审批后可拆除该违章用水户的计量水表。

4）处理执行：处理部门按盗用城市公共供水处理标准出具具体处理意见，责任人按通知书要求按时接受处理，缴纳费用。涉及暂停供水的，内部整改符合要求后，恢复供水。用户未在规定时间内来处理的，用水稽查部门可将资料移交行政执法部门，并协助行政执法部门依法进行行政处罚

5）移交立案处理：盗用城市公共供水行为性质严重的，按公司内部制度要求启用行政执法程序，交由行政执法部门直接立案处理，行政执法部门根据相关法规做出行政处罚决定。执法部门根据法定程序对违章责任人做立案笔录，拒绝处理的做好现场旁证笔录，对供水管线损坏等违章行为现场拒绝处理的，开具物品暂扣通知书，暂扣违章所用设施。

第七章

供水管网漏损稽查

第一节 概 述

1. 物理漏损的现状

供水管道的物理漏损，有时被称为"真实漏损"，流入供水管道的总水量称为系统进水量，已收费的授权用水总量称为收费用水量，两者的差值即为无收益水量，物理漏损是无收益水量中重要的组成部分。

所有的配水管网都存在真实漏损现象，即使是新铺的管道也不例外。真实漏损是总漏损水量与表观漏损水量的差值，包括以下三个主要部分：

（1）输配水干管漏失水量。

（2）水库或蓄水池的漏失和溢流水量。

（3）用户支管至用户水表之间的漏失水量。

前面的两类漏损水量是比较容易发现的，容易被检测到并得到较快的修复。第三类漏失水量的检测较前两类困难得多，因此占了真实漏损水量的较大部分。

2. 国家和行业要求

为加强城镇供水管网漏损控制管理，节约水资源，提高管网管理水平和供水安全保障能力，住房和城乡建设部修订了《城镇供水管网漏损控制及评定标准》行业标准，其中规定要求：

（1）供水单位应进行漏损控制，采取合理有效的技术和管理措施，减少漏损水量。

（2）漏损控制应以漏损水量分析、漏点出现频次及原因分析为基础，明确漏损控制重点，制定漏损控制方案。

（3）供水单位应按现行行业标准《城镇供水管网运行、维护及安全技术规程》CJJ 207 的有关规定进行管网巡检和维护，及时发现隐患并提前处理，减少管道破损事故的发生。

城镇供水管道漏水探测为间接确定漏水点的过程，目前有效的技术方法多为物理探测手段，每一种方法都具有其局限性和条件适应性，所以在实施时应注意充分利用已有的管道和供水信息的各种相关资料，包括管径、管材、埋深、埋设年代、水压和流量等，以提高探测功效和成果的可靠程度。

供水管道探测准备应符合下列规定：

（1）应收集掌握供水管道现状资料。同时收集探测区域相关的地形地貌、供水压力、供水量、供水用户和以往漏水探测成果等资料等。

（2）现场踏勘应实地了解工作条件，调查供水管道腐蚀状况，附属设施的破损与漏水情况，供水管道附近地下排水构筑物中的水流变化，并核实已有供水管道资料的可利用程度。

（3）探测方法试验宜选择有代表性的管段进行，并应通过试验评价探测仪器设备的适应性和探测方法的有效性。

（4）技术设计书应在探测方法试验基础上编制，并应包括以下主要内容：

1）目的、任务、工作期限和工作范围。

2）工作条件和已有资料的分析。

3）探测方法选择及其有效性分析。

4）工作程序与技术要求。

5）仪器设备计划。

6）施工组织与进度计划。

7）质量与安全保证措施。

8）拟提交的成果资料。

9）存在问题与对策。

第二节　DMA、总分表漏损稽查

1. 供水管网分区建立和分析（包含独立计量区域）

管网分区计量（DMA）以准确的管网拓扑结构为基础，利用区域考核表、支路考核表、单元考核表、用户表等建立起一个水量分析体系，结合调度 SCADA 系统、GIS 管理平台、营业抄收系统、检漏 GPS 定位等一系列信息技术手段，实时掌握水量变化规律与趋势，及时发现管网运行中存在的安全隐患与漏水点，最终达到提高管网运行安全保障与降低漏损控制的目的。

做好分区计量的顶层设计，通过设置流量计、小区总考核表及单元考核表，形成网格化分区计量格局，为划分小计量单元格、掌握水量变化、科学控制管网漏损提供了有效的技术支撑。在分区建设的同时，在大口径、高风险管道的关键节点安装渗漏记录仪和高频压力监测仪，有效监控分区内主要管段漏损安全隐患。为了充分发挥 DMA 分区管理的作用，在此基础上建立了以营业、调度、GIS 系统为平台的管网漏损分析系统，以达到漏点及时发现、及时处理，从而实现降低漏损率，保障管网安全运行的目的。

建立以营业、调度软件为平台分析的漏损发现、跟踪、处理的工作机制，通过每日实时和每月定期对数据跟踪分析，积累考核区内管网运行的最小流量值，通过该经验值的确立可以实时预警分析、判断管道的实际运行工况，在出现异常情况时能及时采取相应的排查和检漏措施，避免因管道漏水、违章用水以及水表故障引起的水量损失。

各水司在供水区域内设置分区计量大区、多个计量片区，各个小区、农村总考核以及单元考核表，基本建立分区计量管理体系和总分表分析管理机制，实现"公司、分公司、片区、支线、户表"的点、线、面三者互联互通的五层级分区计量管理体系，为实现单元格计量、水量变化掌握、管网漏损科学控制提供了有效的技术支撑。通过不断持续对片区面积细分、增设支线考核表、对住宅小区总考核表安装远传设备实现远传监控、对一些重点薄弱管线增设流量监测点辅助判断漏损状况等措施，进一步划小片区单元格、减小片区分析净水量，提高水量监控与漏损分析针对性，使管网监控进一步强化、供水异常范围进一步缩小、信息分析准确度进一步提升。

利用营业管理系统，加强对供售水量数据的分析，掌握其规律，为检漏提供分析数据。每天将抄表数据上传营业系统，经汇总数据后生成漏损率统计分析汇总表，并及时进行分析。对以生活用水为主的住宅小区、枝状管道上安装的考核表采取夜间最小流量观察，通过小时流量分析，判断是否存在漏点，为及时发现漏点、缩小漏点所在范围提供了数据支撑。同时，加强营业内部监管，通过业务流程的电子化，堵塞营销环节上的漏洞，杜绝随意估表现象，防止"漏立户"的产生。

建立总分表匹配和分析机制，并将此功能使用于营业系统，辅助管道漏损分析与指导检漏工作的开展，形成以分公司为责任主体、检漏部和抢修部门提供支撑的联动体系，确保及时发现和修复漏点。

在抄收管理上，实行刚性化的水表抄收模式，居民水表月抄季收、企业水表月抄月收，实现定期定时抄表，不随意调整抄表日期，对用水大户的抄表期尽量与供售水统计的截止日一致，避免因抄表周期的变化使抄表数据不能真实反映当期漏损实际情况。同时，对抄表质量实行二级复核，一级由分公司对抄表的质量进行自查，二级由公司监察部门对抄见率和准确率进行现场抽查。

2. 分区计量体系

分区计量框架家谱图展示，整个以"公司、分公司、片区、支线、单元、户表"等为计量节点的点、线、面三者互联互通的六层五级分区计量管理体系。

（1）一级分区

营业分公司为一级分区。根据地理区域、供水安全以及服务质效来划分，通过关闭区域联通阀、安装片区流量计实现，可以看到各分公司的基本信息（面积、管长、用户数等）、水量信息（最小流量、供水量等）、漏控信息（漏损率、漏点数等）、设备信息（流量计数、压力点数等），同时利用该系统，可以对照昨天、前天的水量曲线预测今天水量趋势，更好地服务于管网供水调度。

（2）二级分区

营业分公司——子片区为二级分区。根据管网拓扑结构及水量分布进行划分，实现原理及系统展示内容同一级。

（3）三级分区

子片区——小区、农村、支线为三级分区。以用户接水主干管进行划分，通过关闭双路进水阀门、安装远传水表实现。水量信息通过占比图方式展示，其余内容同一级。

（4）四、五级分区

住宅小区总表——单元表为四级分区。通过安装小区总考核表、单元考核表核算小区总用水量与单元用水总量的关系来检验漏损情况。

单元（楼道）表——终端用户表为五级分区。

3. 分区计量管理和实施

实现管网分区计量是管网漏损控制的基础。为实现对管网的有效监控和分析，可利用DMA分区计量理念，从"建、管、用"三方面着手，加大分区计量的建设、管理和应用力度。一是在建设方面：立足实际，系统规划，做好分区计量的顶层设计，通过设置流量计、小区总考核以及单元考核表，形成网格化分区计量格局，为划小计量单元格、掌握水量变化、科学控制管网漏损提供了有效的技术支撑。在分区建设的同时，在大口径、高风险管道的关键节点安装渗漏记录仪和高频压力监测仪，有效监控分区内主要管段漏损安全隐患；二是在管理方面：建立计量片区落实专人管理，对责任分区内的水量、水压、巡检等进行科学统计和分析，提出改进完善意见；三是在应用方面：建立以营业、调度软件为平台分析的漏损发现、跟踪、处理的工作机制，通过每日实时和每月定期对数据跟踪分析，积累考核区内管网运行的最小流量值，通过该经验值的确立可以实时预警分析、判断管道的实际运行工况，在出现异常情时能及时采取相应的排查和检漏措施，避免因管道漏水、违章用水以及水表故障引起的水量损失。

（1）分区计量的管理

分析计量管理技术应用和DMA的建立能够主动确定区域的漏损水平，并指导检漏人员优化检漏周期与排查顺序，由于管网漏损值是动态的，如果在漏损之初就得到控制，漏失量可以大幅减少。因此，DMA管理在供水管网中对管网安全运行以及漏损控制起到显著的效果。如图7-1所示发现的新增漏损和存量漏损。

在分区计量系统中，如图7-1所示，红色线柱代表当天新增的突发漏损时的流量和时间。通过该水量瞬时流量图，可准确判断新增漏损情况。

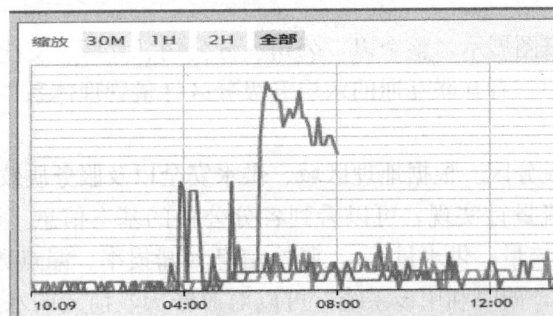

图 7-1　水量瞬时流量图

在分区计量系统中，如图7-2所示，红色标注的地方，分析瞬时流量最小值和累计用量，发现有存量漏损，漏点修复后瞬时流量最小值变为0，累计流量大幅度下降。

目前一种基于云技术的区域漏水监测技术在国际上比较流行，此技术是由过去传统的区域监测技术演变而来，完成后既可以平板加电脑监测，也可以GPRS远传至云服务器，对漏水数据进行实时传输分析。

1）本地巡检系统：使用较为简便快捷，通过记录仪反馈的夜间最小噪声数值来判断评估此区域是否有漏水发生。

序号	时间	正向瞬时流量(m³/h)			正向累计(m³)		
		平均值	最大值	最小值	起始读数	结束读数	累计用量
13	2018-09-13	14.3	18.0	12.0	23576.16	23935.21	359.05
14	2018-09-14	14.5	19.0	13.0	23935.21	24297.16	361.95
15	2018-09-15	14.3	18.0	13.0	24297.16	24652.17	355.01
16	2018-09-16	14.8	19.0	13.0	24652.17	25021.23	369.06
17	2018-09-17	11.0	17.0	0.0	25021.23	25298.16	276.93
18	2018-09-18	1.8	6.0	0.0	25298.16	25356.13	57.97
19	2018-09-19	1.8	6.0	0.0	25356.13	25412.15	56.02
20	2018-09-20	1.8	7.0	0.0	25412.15	25466.12	53.97
21	2018-09-21	1.8	6.0	0.0	25466.12	25513.10	46.98

图 7-2　实时数据监测图

2）远程水云系统漏水自动监测系统：前期投入较大，需要安装并调试远传设备，当大面积使用噪声记录仪时，现场可以组建成网络图，后期能够达到每日的夜间最小噪声值传输并判断是否有漏水。

漏水噪声监测仪现场应用图例如图 7-3 所示。

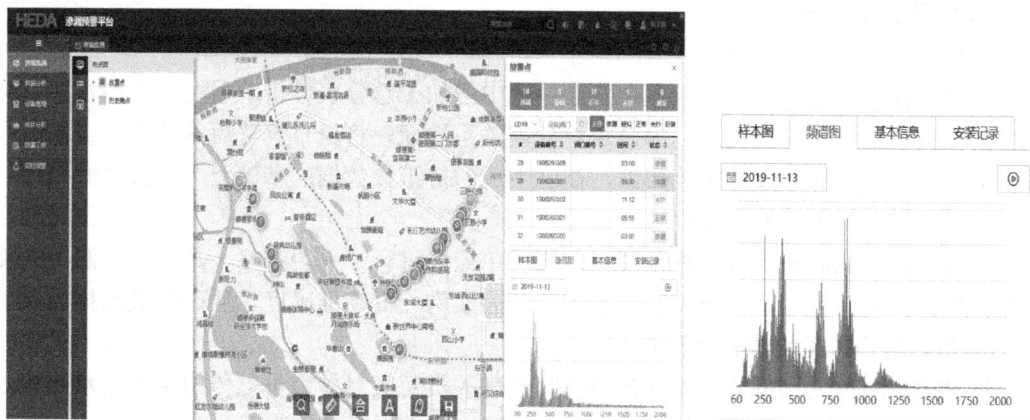

图 7-3　漏水噪声监测仪应用图

某水司对渗漏预警系统评估，相对有以下主要特点：

1）系统针对性——强

针对管网薄弱环节：如常年锈蚀铸铁管、大管道 $DN300$ 以上、不宜接触探漏（绿化带、池塘、高速公路等）、爆管频发等。

2）系统及时性——好

即时数据采集及传输，大大缩减短查漏周期，漏水控制及时有效。

3) 系统准确性——高

高灵敏度传感器结合丰富的布点经验，使得报警更加准确，误报率很低。

4) 系统先进性——优

物联网技术：水云技术平台、大数据分析、高灵敏度噪声记录传感器，代表目前先进的区域漏水监测技术。

5) 不可替代性——真

解决了分区计量、压力控制不能解决的小的背景漏失、人工难以听到的疑难漏点等。

（2）分区计量的实施

由最高一级分区到最低一级分区（或 DMA）逐级细化的实施路线，即自上而下的分区路线；根据管网拓扑结构对营业用户进行树状管理，建立总分表关系，从而对用户端供用水平衡进行分析，即自下而上的分区路线。实施路线可选择以下三种方式：

1) 基础资料较完善的管网、拓扑关系简单的管网、以输配水干线漏损为主的管网，宜优先采用自上而下的分区路线。

2) 基础资料不完善的管网、拓扑关系复杂的管网、以配水支线漏损为主的管网，宜优先采用自下而上的分区路线。

3) 各地也可以根据实际情况综合采用上述两种分区路线。

4. 营业抄收数据应用

通过对营业抄收数据进行横向和纵向的对比，可以发现水量异常的用户、及时发现水量漏损并通知用户，可以有效地减少漏损量。目前，针对营业抄收数据所进行的最主要的分析是每日用户的抄见水量分析、每日总分表分析和月度用户水量分析。

5. 总分表漏损分析

（1）总分表设置分析稽查

公司为强化总分表分析工作，在营业系统中增加了总分表分析子系统。按照水表实际安装拓扑关系设定总分表关系，为设定总分表关系界面，将当日算费后的总表水量信息及分表水量信息统计后形成待审核数据，在已生成的待审核数据的基础上，设置过滤条件。

（2）漏损分析工单处理流程

通过条件过滤后形成待处理工单，每张工单需要进行"是否忽略、是否需检漏、有无漏点、原因说明"填写，以便进一步完善总分表架构，提高准确度，从而降低漏损。

6. 每日用户抄见水量分析稽查

每日用户的抄见水量分析主要是指抄收管理人员每天对抄表员上传的用户用水量抄表数据进行分析，针对水量异常的用户，判断是否可能存在抄表有误、水表故障、可能性漏损等情况，若是由于抄表错误造成的数据异常，则在系统中直接纠正数据；若已经排除了抄表错误的原因，则转外复人员进行外复确认，若是因为水表故障引起的，则联系表务部门处理；若是因为存在漏损等问题造成的，则要上报，进行临时检漏计划，相关检漏人员进行进一步的复查。

7. 每日总分表分析稽查

每日总分表分析更加侧重于漏损的控制，营业系统在水表立户过程中首先做好总分表的隶属关系，每天水表抄见数据上传后，营业系统自动进行总分表差值核算，管理人员根据考核表与分表之间的总分表差额水量进行动态分析，对总分表漏损量存在异常的水表进行分析，排除计量误差、总分表设置等问题后，由检漏人员现场查漏，提高了检漏工作的针对性。

第三节　供水管网检漏稽查

1. 漏损控制执行与监督稽查

城镇供水管道漏水探测应健全质量保证体系，按照工作进度进行过程质量控制。质量检查发现漏探或错探时，应及时分析原因，并采取措施予以补充或纠正。质量检查应由不同人员完成，检查资料应作为探测成果的一部分。

城镇供水管道漏水探测应根据成果检验结果进行探测质量评价。

2. 稽查方法和内容

漏损控制执行与监督稽查应贯穿于整个系统工程。供水管网漏损稽查基本方法是指稽查人员实施供水管网漏损检查时，为发现供水管网漏损控制方面的问题，通常采取的手段和措施的总称。目前，供水管网漏损稽查基本方法主要包括供售水量报表查账方法、各系统检查方法、分析方法、现场调查方法等内容。

要准确的区别各种供水管网漏损稽查基本方法。在稽查具体工作中使用供水管网漏损稽查基本方法时，供水管网漏损稽查人员最重要的是先要弄清这些不同方法特指的范围和内容、区别和关联。如供售水量报表查账方法，是指稽查对象各类报表有关资料进行系统检查，与上月同期、前几个月数据进行比对一种方法。各系统的检查方法是指对营业系统、GIS系统、巡检系统内容进行检查。分析方法是指运用不同的分析技术，对稽查对象资料、不同的分区数据进行系统和重点的分析，以确定怀疑点和线索，进行进一步检查的一种方法。调查方法是指在供水管网漏损稽查过程中，对计划的制订、执行的结果，采用查询、内查和外部实地现场检查相结合的一种核查方法。

DMA（District Metering Area，即：独立计量区域）管理的关键原理是在一个划定的区域，利用夜间最小流量来确定漏损水平。总分表漏损分析和稽查是针对每月抄见的农村或者小区考核表与抄见用户水表水量的数据进行分析和稽查。

供水管网漏损稽查工作可以从总分表设置、单元表、小区考核表、片区流量计、分公司供售水量逐步进行稽查。

3. 稽查的内容和目标

（1）单元表设置稽查的条件

单元表可根据每日抄见水表水量上传后的数据进行稽查，也可根据设置的条件进行漏损分析比对：

例如单元表、农村小支路考核表设置参考值

1）DN25 及以下 $10m^3$ 及以下，漏失率≤5%；

2）$11\sim30m^3$，漏失率≤10%；

3）$31\sim100m^3$，漏失率≤30%；

4）$101m^3$ 及以上，漏失率≤20%；

5）DN40 及以上，漏失率≤20%。

根据以上条件来分析异常考核表，要求各分公司（营业所）对区域内的清单逐一进行分析、处理。

（2）每月统计工单处理后的稽查

每日抄表上传后的单元考核表数据，是否达到过滤的条件，通过条件过滤后形成待处理工单，每张工单需要进行"是否忽略、是否需检漏、有无漏点、原因说明"填写，工单是否闭环及符合要求。

以某自来水公司 7 月份漏损分析情况，对部分考核表进行探讨交流，以分析水表异常个数。见表 7-1。

单元考核表漏损分析
表 7-1

分析总表			漏损分析情况								完成情况	
		指导检漏	查出漏点	测算水量	设置错误	计量不准	管线错误	水表抄错	其他	未结单	已结单
区域	单位	（只）	（处）	（处）	（T/H）	（处）	（只）	（处）	（只）	（处）	（只）	（只）
公司	本月	770	94	12	8.26	6	6	46	6	374	273	497
	累计	6435	1016	207	127.76	38	97	297	42	3648	68	6367
越城	本月	390	22	6	6.1	5	3	0	4	162	223	167
	累计	3194	288	72	58.6	12	64	7	19	2002	1	3193
袍江	本月	125	47	2	1	1	1	0	0	71	40	85
	累计	978	414	52	20	21	17	2	5	410	52	926
城南	本月	104	13	1	0.36	0	0	0	1	77	1	103
	累计	950	116	23	12.15	0	0	0	7	686	1	949
城东	本月	121	4	0	1	0	2	46	1	64	9	112
	累计	943	86	21	19.16	1	15	288	11	516	14	929
镜湖	本月	30	8	3	0.8	0	0	0	0	0	0	30
	累计	370	112	39	17.85	0	0	0	0	34	0	370

（3）每日生成工单稽查

当日各分公司分别有多少只单元考核表、小区或农村考核表，分别有多少只考核表达到设置的条件生成的工单。

（4）工单处理、分析、排查结果的稽查

各分公司有几个分区计量（DMA 独立计量区域）达到设置条件，生成工单或忽略的考核表，分析原因及排查的结果。

（5）总分表设置稽查

主要针对每一块水表的管网拓扑结构进行稽查，一些总分表水量差异大的考核表并不存在管道漏损，管网拓扑结构设置错误会导致水量数据的不准确，从而影响管道检漏等相关工作的开展。

（6）供水管网系统平台数据流量稽查

分区计量系统软件平台，实现了分区计量实时分析、实时流量曲线分析、分区计量最小水量分析、分区计量瞬时流量分析等功能，稽查是否将这些分析系统运用于漏损控制工作中。

（7）系统突发性管网事件稽查

通过分析计量系统能够及时发现并处置大量异常事件，GIS分区计量的实践应用可减少水量的损失与社会的负面影响，主要稽查事件的发生时间、地点、管段、原因、处置经过和结果。

该分区水量从0点开始出现异常，到8点尚未处置好。如图7-5所示。

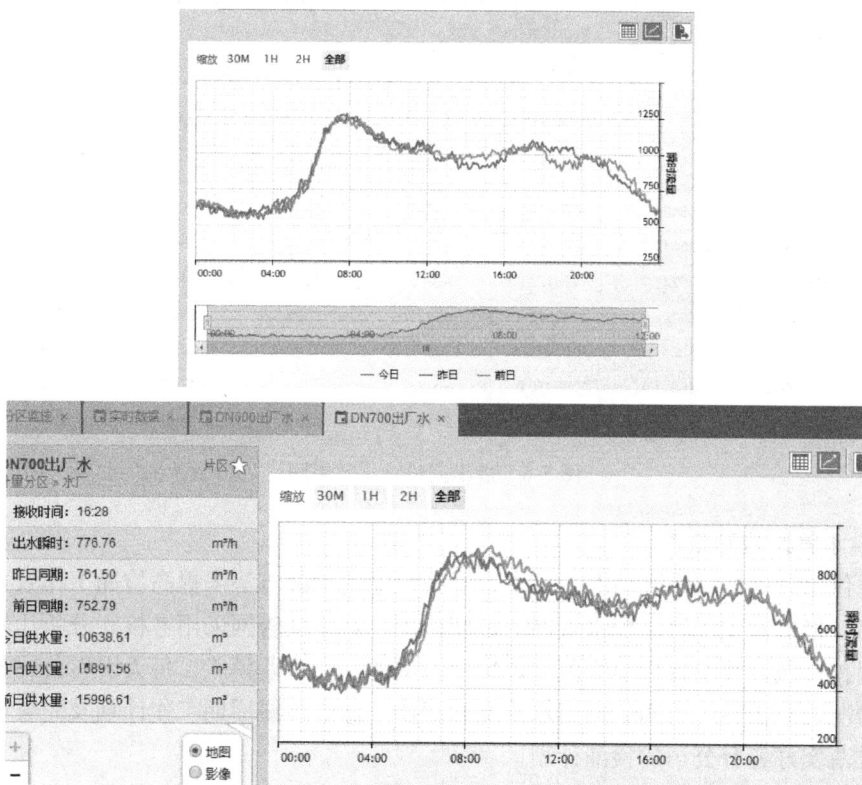

图7-4　水厂出厂水的实时数据，瞬时流量比较稳定

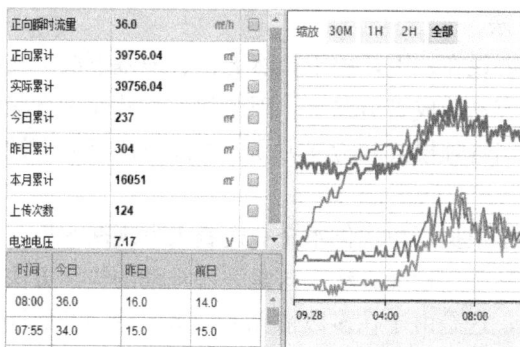

图7-5　分区水量图

（8）夜间最小水量评估稽查

分区计量、三级分区的小区考核表、农村支线考核表进行夜间最小水量评估，利用相

对准确的最小水量数据进行分析评估，稽查评估台账和异常情况排查及结果。

案例：从某供水系统中发现最小值、累计用量问题，安排检漏工到现场检测，当日查到一个大漏点和两个小漏点，第二天即修复漏水点。夜间最小值减少了50%以上，累计用水量每天减少2000余 m³。漏点修复日的前一天、后一天，最小流量比对效果，如图7-6所示。

时间	华盛东街					
	实际累计(m³)			实际瞬时(m³/h)		
	起始读数	结束读数	累计用量	平均值	最大值	最小值
2018-09-23	1065496.0	1070419.0	4923.0	200.5	255.9	135.2
2018-09-24	1070419.0	1075247.0	4828.0	196.7	256.6	140.0
2018-09-25	1075247.0	1080128.0	4881.0	199.3	246.8	129.0
2018-09-26	1080128.0	1083847.0	3719.0	150.2	264.4	0.0
2018-09-27	1083847.0	1086911.0	3064.0	124.1	182.1	66.9
2018-09-28	1086911.0	1089930.0	3019.0	121.4	177.3	50.2
2018-09-29	1089930.0	1092906.0	2976.0	119.7	185.4	61.4

图7-6 最小流量对比效果图

4. 供水管网检漏稽查

针对供水管网区域实际情况，探索、寻找合适的检漏方法来提高检漏工作效益和漏点的检出率，形成对主干管、配水管网的定期检测。对小区管网采用考核表分析比较法，及时确定漏损区域，找准目标缩小范围，集中检测的主动检漏模式。每天查看公司各区域间的流量情况，分析各区域间管网用水情况和规律。做好检漏周期工作计划及完成情况的督查，安排落实好各分公司的检漏计划。

供水管网检漏稽查工作主要检查：检漏计划的制定、检漏计划的执行、巡检系统的轨迹检查、检出上报的漏水点核查及绩效管理考核等内容。

5. 供水管网检漏方法

城市供水管网大多埋设在地下，由于自然老化、地基下沉、交通负荷、土壤盐碱化及施工不良等原因，往往容易造成管道漏水。因此如何有效地进行漏损控制的关键是及时发现和修复漏水。根据管网管理模式和检漏习惯，检漏方法可分为被动检漏法和主动检漏法两大类。

被动检漏法是根据是根据用户或供水企业巡查人发现漏水后，检漏人员进行现场漏水调查并发现漏水点的一种常用检漏方法。这是一种被动的检漏方法，一般来讲这种检漏方法对漏损控制效果不利，这是由于在多数情况下，地下管网开始漏水时漏水量较小，往往不易冒出地面，特别是在埋设管道的土壤比较疏松，附近排水比较通畅的情况下更加不容易被发觉。

主动检漏法就是在地下管道漏水冒出地面前，采用有效措施，利用各种检漏方法及相应的检漏设备，主动发现地下管道漏水的一种方法。它是各供水企业为了降低管网漏耗，进行有效的漏水控制的一种实用检漏方法，在国内外都被广泛应用。主动检漏法根据检漏的原理和所使用的设备分为听音法、区域检漏法、相关分析法、区域装表法等。

根据主动检漏法的工作要求，必须对供水区域内所有供水管线制定一个详细的检漏工作计划和作业要求。

6. 检漏区域的编排稽查

以行政区域、分区计量区域、道路为界，正常情况下检漏区域、线路及周期，市区管网检漏可根据实际情况实行区域化管理和线路管理相结合，现场作业可一人或两人一组，以每组每天的巡检工作量编排。

稽查的内容是检漏计划是否全部覆盖整个供水管网区域。

7. 检漏计划的执行稽查

检漏班组和检漏人员应根据规定的时间、路线进行巡查，巡查检漏必须认真仔细，发现漏水点或疑点及时记录并上报。每天填写检漏日报，写明巡查时间、线路、人员、漏点等情况。

稽查的内容是检漏计划的执行是否到位，上报的漏点、日报记录是否准确，可结合巡检系统的轨迹来稽查巡查的覆盖率。

8. 漏水点检出上报及修理稽查

检漏人员在巡查过程中确定的漏水点位置，应做好现场修理开挖的位置记号，用纸质或巡检系统将漏水点信息上报管网处和抢修中心，现场开挖的漏水管道破损部位拍照上传，并做好相应漏水量测量记录。

（1）漏点漏失水量

有计量法、容积法、导入法、理论计算法、经验估算法等方法。要确定管道的漏损值，就必须对通过有效措施后能降低的漏水量进行测算。漏水量的测算主要有以下几种：

1）计量法

水表计量法是最准确、实用的一种漏点测量方法，在漏点开挖前对该管道的实际漏失水量，按漏点前的计量水表进行测漏，能准确反映出该漏点的实际漏失水量，此方法适用于有计量水表的漏点，不适用于主管道上的漏点。

2）容积法

容积法是最简单、适用，同时也是比较经济的测量漏水量的方法。具体方式是在漏点开挖时，保证有足够放容器的接水空间，把管道的漏水在一定的时间内全部接入容器内，然后计算出容器内的漏水量所用的时间。

3）导入法

导入法就是采用引导的方式，把实际漏水的位置引到其他地方进行计量的方法，常用的方式是：在漏点开挖时，利用抽水泵作用，在抽水保持平衡的情况下，把水导入容器，按接入容器时所用的时间来测量漏水量，该方法适用的前提条件是漏出的水不被渗漏或其他的水流入，因此适用于黏土地，不适合塘渣碎石和有雨污水管连通的地方。

4）经验估算法

漏水点的形状多种多样，漏水孔在水力学上也有可以按照孔口公式计算的方法，但它关系到漏水系数、压差、漏水孔面积、重力加速度等多方面的因素，所以在实际工作中并不实用，操作的方法难度也较大。目前，在无法用上述三种方法测漏水量的情况下，凭测漏工作经验对漏点漏水量进行估算，测漏水量可能会产生偏差，建议尽可能的少用此方法。

5）理论计算法

理论计算的依据是带有压力势能的水转为具有动能的漏水，两者之间遵循能量守恒原理，即漏出的水的动能与在管道没有漏出之前的能量相等。

$$Q = \ddot{u}a\sqrt{2gH} \tag{7-1}$$

式中　Q——单位 h 流量（m^3/s）；

　　　　$\ddot{u}$——校正系数，$\ddot{u}=0.62$；

　　　　g——重力加速度，$g=9.8$；

　　　　H——水力扬程，即水头高度（m）；

　　　　a——管道破口面积（m^2）。

（2）漏水修理时间

包括上报漏点时间至修理时间，开始修理至修理完毕的时间。

稽查的内容是上报漏水点位置是否正确，漏水点在定点的1m范围内，漏点漏失水量是否在检漏、抢修、公司代表三方确认下的漏水量。漏水修理时间按照公司规定不同管道口径要求时限等进行稽查。

9. 绩效考核管理稽查

检漏人员的绩效考核管理，根据考核办法针对检出的漏点大小、明漏及暗漏等情况，对检出漏点对检漏人员进行绩效考核。根据公司年、月供售水量报表进行漏损率指标考核。

稽查的内容是检漏班组和检漏人员上报的漏点、漏点漏失水量的大小、漏损率的指标情况进行稽查。

10. 临时性检漏计划稽查

各分公司通过系统管理平台增加检漏区域或制定临时检漏计划，由内部相关部门审核后将检漏计划下发到检漏部门，进行检漏计划的任务完成，检漏人员可通过手持端查询位置及管线信息，发现管漏可上报检出漏点。

稽查的内容是临时检漏计划的合理性，检漏计划的完成率，可对检漏人员的巡查轨迹进行检查实际完成情况。

第四节　漏点产生原因的专项稽查

1. 现场修理时对漏水点原因稽查

（1）漏点情况是明漏还是暗漏。明漏是指地面见冒水或打开水表井盖和阀门井盖可见到的漏水点；暗漏是指检漏人员在巡检中采用各种检漏方法和相应的检漏设备，主动查出地下供水管道漏水并且确定漏点位置。两者虽然都是漏水点，但意义不同，价值更不同。

（2）稽查管线漏水部位。可分为阀门漏水、管件漏水、接口漏水、消防栓漏水、管身漏水、管道开裂断裂等。

（3）稽查管道口径和埋深。漏水点的不同管道口径、管道埋设深度、管道地面介质对管道产生漏点的影响。

（4）稽查管道管材。漏水点是水泥管、灰口铸铁管、镀锌管、钢管、球墨铸铁管、塑料管、PE 管、PVC 管、玻璃钢管、复合管等。

（5）稽查管道安装时间。漏水点管道是新建管道、5 年、10 年、20 年或以上。

稽查新建管道产生漏水原因。管道施工质量存在问题：

（1）管道基础不好。由于管沟的沟底往往不平，机械操作又不采取修平措施，使沟底不平。管道周围没按规范填沙。结果供水管的沉陷较多，以至逐步损坏接头甚至管道折断。

（2）覆土不实。在大口径管道施工中覆土未分层夯实，或管道两边的密实度不均匀，使管道受力增强，增加管道爆裂的可能。

（3）球管铸铁管三通弯头处未设置混凝土土墩。或设置了支墩，但其后背土松动造成支墩位移，管道受力破坏。

（4）接口质量差。如石棉水泥接口敲打不密实，橡胶圈就位不正确或不密实等。接头经不起土壤不均匀沉陷、水管伸缩以及水压高等因素而漏水。

（5）与其他管线间距不符合规范要求，如混凝土排水管把给水管压坏，电信井压占自来水管道，电力线缆包围自来水管道等产生的漏水点。

（6）稽查外界影响。漏点的形式主要表现在车辆轧坏、打桩震动、施工破坏等影响。城市的发展带来大量的基建项目，不同项目之间相互交叉施工。例如，原来位于绿化带或者人行道的给水管网有时被挪移到机动车道上，车辆荷载的突然增加导致给水管道接头出现漏水等。

2. 年、月漏水点统计分析的稽查

统计分析是为保障管道安全供水提供技术支持，掌握全市供水管网信息变化对管线检查运行维护意义非常重大。

（1）每年检出漏水点管道口径的比例，漏失水量与管道口径的占比。

（2）漏水点区域的分布。根据分公司、计量分区、小区和农村、单元考核表分类稽查。

（3）稽查破损管道管材。破损管道漏水点是水泥管、灰口铸铁管、镀锌管、钢管、球墨铸铁管、塑料管、PE 管、玻璃钢管、复合管等的比例。

（4）稽查管道破损部位。破损为阀门漏水、管件漏水、接口漏水、消防栓漏水、管身漏水、管道开裂断裂等的比例。

第八章

稽查案例解析

第一节　业务受理稽查实例

1. 水表报停稽查案例

（1）基本情况：某用户在同一个小区内有两套商品房，其中一套向某供水公司申请了水表报停业务，但由于供水公司工作人员工作失误，误将其另一套拆表断水。营销稽查人员通过报装系统与营业系统的信息比对，及时避免了因工作失误带来的行风投诉事件。

（2）案例点评：该案例通过报装系统与营业系统中的信息比对，结合现场调查情况，稽查出报装变更业务办理中存在的问题。从本案例来看，业务受理人员需对用户申请资料做好审核把关工作，现场作业人员也需要进行认真核对，否则容易出现用户断水的不良后果。

2. 水表销户稽查案例

（1）基本情况：某农村用户申请水表销户后，稽查人员对拆表销户业务流程进行了全过程稽查，发现该用户水表拆除后未及时拆除表箱及表前管道，导致有其他用户私自接管偷水现象。

（2）案例点评：部门供水企业往往忽视对水表报停、销户后续工作的稽查，埋下了用户偷盗公共用水的隐患，该案例有力地证明了报装业务需实施全过程监控。

第二节　水价与水费管理稽查实例

1. 抄表质量稽查案例一

（1）基本情况：为保障持续性供水服务，某小区采取两路供水模式，平时一路进水，另一路关闭。因工程原因，该小区某月份进水方向改变，开启另一路水表进水。稽查人员通过总分表供售水量比对，发现该小区考核表售水量大于用水量，初步判断为考核表故障，经现场核对和公司工程作业情况了解，最终确认为该小区进水方向调整后，抄表员未及时进行抄表。

（2）案例点评：该案例反映出抄表员工作不负责，抄表管理人员未复核到位的问题。首先，要加强抄表员的教育，增强抄表员的责任心；其次，抄表管理人员要熟悉抄表区域内的管网构成，能及时掌握总分表架构，对总分表出现水量异常的情况能及时判断、分析原因。最后，供水公司内部要信息畅通、及时沟通，确保工作顺畅开展。

2. 抄表质量稽查案例二

（1）基本情况：某市政道路消防水表单独进水，并设置了考核表，正常情况用水量为零。某月份消火栓开启，产生水量，但水表用水量为零。稽查人员通过考核表分析，发现考核表用水量较大，但分表水量均为零，初步判断为管道漏水，经现场核查后，发现一只消火栓水表实际已产生水量，为抄表员未到现场抄表擅自估表导致。

（2）案例点评：该案例反映出抄表员工作不负责、抄表管理人员未复核到位的问题。在已知总表水量异常的情况下，抄表员未分析异常情况，擅自估表，造成当月水量的缺失。因此，抄表质量稽查应重点的对长期零水量水表进行稽查。

3. 抄表质量稽查案例三

（1）基本情况：某小区总表出现故障，水量明显下降。但抄表员和抄表管理人员未及时发现，导致供水公司调度监控系统出现误报警现象。

（2）案例点评：这是一起水表故障未及时发现、复核的案例，反映出抄表员工作不负责，抄表管理人员未复核到位的问题。抄表员应掌握各类用户的用水规律，以便能及时发现问题，尽快解决用户在用水中出现的问题，另外，还应了解水表的性能，由于水表本身的原因，有时也会出现量高量低的问题，需及时跟进排查原因，这样才能提高抄表的质量。

第三节 服务质量稽查实例

1. 话务员服务态度稽查

（1）基本情况：某小区实施计划停水作业，供水公司在现场进行了张贴公告，并短信通知用户停水时间。但居民张某向供水热线反映早晨停水影响了用户正常生活，但话务员一味强调已提前告知，不顾及用户的诉求，导致用户向市长热线投诉。稽查人员通过呼叫平台调听录音核查，最终确认为话务员沟通不当、态度不佳。

（2）案例点评：该案例反映出供水企业实施停水时间的合理性、工作人员解释沟通的态度技巧问题。开展供水服务工作质量稽查时，应重点对重复投诉、越级投诉事件的处理情况的检查，根据用户反映的情况和诉求，进一步审视作业流程、服务标准，逐步提高行风服务水平。

2. 管道冲洗质量稽查

（1）基本情况：2016年6月某日下午，某供水公司陆续接到某村村民们反映水黄现象，工作人员立即赶赴现场，进行总管排放后，水质得到改善。事后经查实，当天该处DN400管进行开三通施工作业，同时关停区域流量计，由于此次施工作业后未进行管道冲洗排放，导致较多村民出现水黄现象。

（2）案例点评：该案例由排放不到位引起的责任性事件，从这一事件反映出，该供水企业在管理上存在以下问题：一是公司内部相关部门对水质管理工作不够重视，部门之间职责不够明确；二是未建立有效监督体系，造成对水质排放工作无人监管局面。

第四节 违约用水、盗用城市供水稽查实例

1. 水表倒装稽查案例

（1）基本情况：某供水公司营销稽查人员通过总分表供售水量分析，发现某自然村月供水量和一户一表用水量存在 600t 左右的水量缺口，初步判断为供水管道渗漏。经夜间最小流量分析和管道检漏排查，排除供水管道漏损情况，确定为用水计量出现问题。最终，通过任务分解、地毯式排查，发现一村民水表倒装。

（2）案例点评：该案例通过总分表供售水量、夜间最小流量、管道检漏等分析手段，层层深入、步步为营，最后通过水务执法处置，为供水公司挽回了损失。

2. 私接市政管道稽查案例

（1）基本情况：某供水公司营销稽查人员在对特种用水用户的稽查中发现，某浴室浴资明显低于市场价格，且用水量波动较大。通过了解用户用水情况、关阀拆表试水等手段，最终确定该用户存在两路进水现象：一路为正常装表付费，另一路为私自在公共管道上接水，平时通过其内部一个控制阀来切换进水源。

（2）案例点评：该案例主要通过用水量规律、用户的经营情况做出初步判断，再进一步通过现场关阀拆表等手段进行确认。对用户隐蔽性较强的违章违约行为，除总分表分析、供水运行监控系统等分析手段外，现场调查也是稽查的有效手段。

3. 消火栓偷水稽查案例

（1）基本情况：某供水公司营销稽查人员在巡视过程中，发现某处消火栓存在盗用现象，经过连日的打听和"守株待兔"，最终发现违章责任人。

（2）案例点评：该案例主要通过现场巡视和盯防手段确认。对于公共用水偷盗行为，除大流量的用水情况可通过供水运行监控系统预警监控外，目前现场巡视仍然不失为行之有效的稽查手段。

第五节 供水管网漏损稽查实例

1. 总分表设置稽查

（1）基本情况：某供水公司在建立总分表关系时，因供水管道 GIS 信息错误，误将某一只用户表建立在另一只考核表内，导致两只考核表总分表水量始终存在差异，漏损水量一正一负。稽查人员通过总分表水量分析，结合供水管道 GIS 信息，对现场水表安装位置及管道走线逐个进行排查，最终发现问题。

（2）案例点评：该案例主要针对总分表设置准确性进行稽查。总分表水量异常存在多种原因：一是总分表对应关系设置错误；二是抄表计量出现错误；三是管道出现漏点。通过总分表水量分析，逐步排查，可有效定位问题所在，并建立起长效管理监控体系。

2. 考核表水量差异稽查

（1）基本情况：某老小区因楼层超标建有 2 路进水，一路进水有计量，另一路无计量，因管道漏点逐渐扩大，每月未生成预警工单，管理人员根据常规水量分析有一定的困

难。稽查人员通过对考核表连续几个月的用水量趋势与分表用水量情况仔细分析，发现该处管道存在漏点。

（2）案例点评：该案例通过总表用水量变化情况分析，并结合现场管道安装、用水计量等综合情况，最终确定管道漏损现象。管网结构清晰、计量准确的前提下，通过总分表水量分析，可有效定位异常点。尚未建立起管网 GIS 信息和拓扑关系的供水企业，通过总表用水规律的分析以判断管道漏水情况仍不失为一种行之有效的措施。

附录

附录一 《用水性质调整通知》

某市自来水有限公司用水性质调整通知

_____用户：（用户号_____）

　　贵户安装的水表原用水性质为_____，但贵户现实际为_____，用水性质发生变化。根据《浙江省城市供水管理办法》第三十四条规定及《某市发改价（2010）65号文件》的通知精神，本公司将于下月起对贵户用水性质及用水价格进行调整。如有异议，请接到本通知单后3个工作日内与本公司用户科进行联系。逾期未联系，视为认可本调整通知的内容。

联系电话：

地址：

某市自来水有限公司

年　月　日

回　执

用　户　名：

用　户　号：　　　　　　　　　　联　系　电　话：

地　　　址：

原用水性质：　　　　　　　　　　实际用水性质：

用　户　签　字：　　　　　　　　日　　　　期：

附录二 《用水监察通知书》

某市自来水有限公司用水监察通知书（存根）

＿＿＿＿＿＿＿＿＿＿＿＿＿：

　　你（单位）于＿＿＿年＿月＿日时在进行＿＿＿＿＿＿＿＿＿＿＿＿。已拍照取证，为加强城市用水管理，请你（单位）携带本通知和有关材料，于＿＿＿年＿月＿日时，到某市自来水有限公司协商处理。逾期未来处理的，将上报某市综合行政执法局水务中队依法行政处罚。

　　特此通知。

当事人签名（盖章）：

某市自来水有限公司

年　　月　　日

某市自来水有限公司用水监察通知书

＿＿＿＿＿＿＿＿＿＿＿＿＿：

　　你（单位）于＿＿＿年＿月＿日时在进行＿＿＿＿＿＿＿＿＿＿＿＿。已拍照取证，为加强城市用水管理，请你（单位）携带本通知和有关材料，于＿＿＿年＿月＿日时，到某市自来水有限公司协商处理。逾期未来处理的，将上报某市综合行政执法局水务中队依法行政处罚。

　　特此通知。

　　经办人：

　　联系电话：

某市自来水有限公司

年　　月　　日

附录三 《城市供水条例》

中华人民共和国国务院令第 158 号

第一章 总则

第一条 为了加强城市供水管理,发展城市供水事业,保障城市生活、生产用水和其他各项建设用水,制定本条例。

第二条 本条例所称城市供水,是指城市公共供水和自建设施供水。

本条例所称城市公共供水,是指城市自来水供水企业以公共供水管道及其附属设施向单位和居民的生活、生产和其他各项建设提供用水。

本条例所称自建设施供水,是指城市的用水单位以其自选建设的供水管道及其附属设施主要向本单位的生活、生产和其他各项建设提供用水。

第三条 从事城市供水工作和使用城市供水,必须遵守本条例。

第四条 城市供水工作实行开发水源和计划用水、节约用水相结合的原则。

第五条 县级以上人民政府应当将发展城市供水事业纳入国民经济和社会发展计划。

第六条 国家实行有利于城市供水事业发展的政策,鼓励城市供水科学技术研究,推广先进技术,提高城市供水的现代化水平。

第七条 国务院城市建设行政主管部门主管全国城市供水工作。

省、自治区人民政府城市建设行政主管部门主管本行政区域内的城市供水工作。

县级以上城市人民政府确定的城市供水行政主管部门(以下简称城市供水行政主管部门)主管本行政区域内的城市供水工作。

第八条 对在城市供水工作中作出显著成绩的单位和个人,给予奖励。

第二章 城市供水水源

第九条 县级以上城市人民政府应当组织城市规划行政主管部门、水行政主管部门、城市供水行政主管部门和地质矿产行政主管部门等共同编制城市供水水源开发利用规划,作为城市供水发展规划的组成部分,纳入城市总体规划。

第十条 编制城市供水水源开发利用规划,应当从城市发展的需要出发,并与水资源统筹规划和水长期供求计划相协调。

第十一条 编制城市供水水源开发利用规划,应当根据当地情况,合理安排利用地表水和地下水。

第十二条 编制城市供水水源开发利用规划,应当优先保证城市生活用水,统筹兼顾工业用水和其他各项建设用水。

第十三条 县级以上地方人民政府环境保护部门应当会同城市供水行政主管部门、水行政主管部门和卫生行政主管部门等共同划定饮用水水源保护区,经本级人民政府批准后公布;划定跨省、市、县的饮用水水源保护区,应当由有关人民政府共同商定并经其共同的上级人民政府批准后公布。

第十四条 在饮用水水源保护区内,禁止一切污染水质的活动。

第三章 城市供水工程建设

第十五条 城市供水工程的建设,应当按照城市供水发展规划及其年度建设计划进行。

第十六条　城市供水工程的设计、施工，应当委托持有相应资质证书的设计、施工单位承担，并遵守国家有关技术标准和规范。禁止无证或者超越资质证书规定的经营范围承担城市供水工程的设计、施工任务。

第十七条　城市供水工程竣工后，应当按照国家规定组织验收；未经验收或者验收不合格的，不得投入使用。

第十八条　城市新建、扩建、改建工程项目需要增加用水的，其工程项目总概算应当包括供水工程建设投资；需要增加城市公共供水量的，应当将其供水工程建设投资交付城市供水行政主管部门，由其统一组织城市公共供水工程建设。

第四章　城市供水经营

第十九条　城市自来水供水企业和自建设施对外供水的企业，必须经资质审查合格并经工商行政管理机关登记注册后，方可从事经营活动。资质审查办法由国务院城市建设行政主管部门规定。

第二十条　城市自来水供水企业和自建设施对外供水的企业，应当建立、健全水质检测制度，确保城市供水的水质符合国家规定的饮用水卫生标准。

第二十一条　城市自来水供水企业和自建设施对外供水的企业，应当按照国家有关规定设置管网测压点，做好水压监测工作，确保供水管网的压力符合国家规定的标准。

禁止在城市公共供水管道上直接装泵抽水。

第二十二条　城市自来水供水企业和自建设施对外供水的企业应当保持不间断供水。由于工程施工、设备维修等原因确需停止供水的，应当经城市供水行政主管部门批准并提前24小时通知用水单位和个人；因发生灾害或者紧急事故，不能提前通知的，应当在抢修的同时通知用水单位和个人，尽快恢复正常供水，并报告城市供水行政主管部门。

第二十三条　城市自来水供水企业和自建设施对外供水的企业应当实行职工持证上岗制度。具体办法由国务院城市建设行政主管部门会同人事部门等制定。

第二十四条　用水单位和个人应当按照规定的计量标准和水价标准按时缴纳水费。

第二十五条　禁止盗用或者转供城市公共供水。

第二十六条　城市供水价格应当按照生活用水保本微利、生产和经营用水合理计价的原则制定。

城市供水价格制定办法，由省、自治区、直辖市人民政府规定

第五章　城市供水设施维护

第二十七条　城市自来水供水企业和自建设施供水的企业对其管理的城市供水的专用水库、引水渠道、取水口、泵站、井群、输（配）水管网、进户总水表、净（配）水厂、公用水站等设施，应当定期检查维修，确保安全运行。

第二十八条　用水单位自行建设的与城市公共供水管道连接的户外管道及其附属设施，必须经城市自来水供水企业验收合格并交其统一管理后，方可合作使用。

第二十九条　在规定的城市公共供水管理及其附属设施的地面和地下的安全保护范围内，禁止挖坑取土或者修建建筑物、构筑物等危害供水设施安全的活动。

第三十条　因工程建设确需改装、拆除或者迁移城市公共供水设施的，建设单位应当报经县级以上人民政府城市规划行政主管部门和城市供水行政主管部门批准，并采取相应

的补救措施。

第三十一条 涉及城市公共供水设施的建设工程开工前，建设单位或者施工单位应当向城市自来水供水企业查明地下供水管网情况。施工影响城市公共供水设施安全的，建设单位或者施工单位应当与城市自来水供水企业商定相应的保护措施，由施工单位负责实施。

第三十二条 禁止擅自将自建的设施供水管网系统与城市公共供水管网系统连接；因特殊情况确需连接的，必须经城市自来水供水企业同意，报城市供水行政主管部门和卫生行政主管部门批准，并在管道连接处采取必要的防护措施。

禁止产生或者使用有毒有害物质的单位将其生产用水管网系统与城市公共供水管网系统直接连接。

第六章 罚则

第三十三条 城市自来水供水企业或者自建设施对外供水的企业有下列行为之一的，由城市供水行政主管部门责令改正，可以处以罚款；情节严重的，报经县级以上人民政府批准，可以责令停业整顿；对负有直接责任的主管人员和其他直接责任人员，其所在单位或者上级机关可以给予行政处分：

（一）供水水质、水压不符合国家规定标准的；

（二）擅自停止供水或者未履行停水通知义务的；

（三）未按照规定检修供水设施或者在供水设施发生故障后未及时抢修的。

第三十四条 违反本条例规定，有下列行为之一的，由城市供水行政主管部门责令停止违法行为，可以处以罚款；对负有直接责任的主管人员和其他直接责任人员，其所在单位或者上级机关可以给予行政处分：

（一）无证或者超越资质证书规定的经营范围进行城市供水工程的设计或者施工的；

（二）未按国家规定的技术标准和规范进行城市供水工程的设施或者施工的；

（三）违反城市供水发展规划及其年度建设计划兴建城市供水工程的。

第三十五条 违反本条例规定，有下列行为之一的，由城市供水行政主管部门或者其授权的单位责令限期改正，可以处以罚款：

（一）未按规定缴纳水费的；

（二）盗用或者转供城市公共供水的；

（三）在规定的城市公共供水管道及其附属设施的安全保护范围内进行危害供水设施安全活动的；

（四）擅自将自建设施供水管网系统与城市公共供水管网系统直接连接的；

（五）产生或者使用有毒有害物质的单位将其生产用水管网系统与城市公共供水管网系统直接连接的；

（六）在城市公共供水管道上直接装泵抽水的；

（七）擅自拆除、改装或者迁移城市公共供水设施的。

有前款第（一）项、第（二）项、第（四）项、第（五）项、第（六）项、第（七）项所列行为之一，情节严重的，经县级以上人民政府批准，还可以在一定时间内停止供水。

第三十六条 建设工程施工危害城市公共供水设施的，由城市供水行政主管部门责令停止危害活动；造成损失的，由责任方依法赔偿损失；对负有直接责任的主管人员和其他直接责任人员，其所在单位或者上级机关可以给予行政处分。

第三十七条　城市供水行政主管部门的工作人员玩忽职守、滥用职权、徇私舞弊的，由其所在单位或者上级机关给予行政处分；构成犯罪的，依法追究刑事责任。

第七章　附则

第三十八条　本条例第三十三条、第三十四条、第三十五条规定的罚款数额由省、自治区、直辖市人民政府规定。

第三十八条　本条例自 1994 年 10 月 1 日起施行。

一九九四年七月十九日

附录四　《浙江省城市供水管理办法》

浙江省人民政府令第 207 号

第一章　总则

第一条　为了发展城市供水事业，加强城市供水管理，促进节约用水，保证供水安全，维护供水企业和用户的合法权益，保障生活、生产用水和其他用水，根据《中华人民共和国水法》、《城市供水条例》等有关法律、法规，结合本省实际，制定本办法。

第二条　在本省行政区域内从事城市供水、用水及其相关管理活动均应当遵守本办法。

第三条　省建设行政主管部门主管全省城市供水工作。

市、县（市、区）人民政府城市供水行政主管部门主管本行政区域内的城市供水工作。环境保护、卫生、城市规划、质量技监、国土资源、水利、经贸等有关部门按照各自职责，协助做好城市供水管理工作。

第四条　县级以上人民政府应当加快城市供水事业发展，鼓励从事城市供水科学技术研究，推广先进技术，提高供水质量。

第五条　城市供水工作实行开发利用水源与节约用水相结合、保障供水与确保水质相结合的原则。

第二章　城市供水水源管理

第六条　县级以上人民政府应当组织水利、城市规划、城市供水等行政主管部门共同编制城市供水水源开发利用规划，作为城市供水规划的组成部分，纳入城市总体规划。

第七条　城市供水水源开发利用规划应当与水资源开发利用规划、水长期供求计划相协调。

开发、利用水资源，应当优先保证城乡居民生活用水，统筹兼顾工业用水和其他各项建设用水。

第八条　城市供水应当优先开发利用地表水，严格控制开采地下水。

第九条　市、县（市、区）人民政府应当组织环境保护、水利、城市供水、城市规划、卫生等行政主管部门按照国家有关法律、法规和标准，在城市供水水源地划定饮用水水源保护区并报省人民政府批准后公布。

饮用水水源保护区的保护管理，依照水污染防治有关法律、法规的规定执行。

第十条　县级以上人民政府应当采取措施，防止水源枯竭和水体污染，保障城乡居民饮用水安全。饮用水水源所在地的乡（镇）人民政府以及村民集体组织有责任保护饮用水水源。

第三章　城市供水工程建设和设施维护

第十一条　城市供水实行谁投资、谁受益，鼓励社会资金投资城市供水行业。

第十二条　新建、改建、扩建城市供水工程（包括取水工程、净水工程、输配水工程，下同），应当按照城市供水规划实施。城市供水管网建设，应当同时安排排污管网和城市消防用水设施建设。

第十三条　城市供水工程的设计、施工和监理，必须由具有相应资质的设计、施工和监理单位承担。

城市供水工程的设计、施工和监理应当符合国家和省有关技术标准和规范。

第十四条　城市供水工程竣工后，应当按照国家和省有关规定组织验收。组织验收的部门应当通知城市供水行政主管部门参加。

未经验收或者验收不合格的城市供水工程，不得投入使用。

第十五条　扩大城市规模，应当按照城市供水规划，设置集中转输加压、城市供水管道、消火栓等配套设施。新建、改建、扩建城市建筑，其高度超过国家规定的水压标准的，建设单位应当设置转输加压站、蓄水池等二次城市供水设施，并由产权单位负责维护管理。

城市供水配套设施的设计、施工、使用应当与主体工程同时进行。

第十六条　城市新建、改建、扩建工程项目需要增加用水的，其工程项目总概算应当包括城市供水工程建设投资。

第十七条　用户自行建设的供水进户计量水表以外的供水输配管道及其附属设施，必须经城市供水企业验收合格并交其统一管理后，方可投入使用。

第十八条　自建设施供水的管网系统，不得擅自与城市公共供水管网系统相连接。因特殊情况确需连接的，必须经城市公共供水企业验收合格，并在管道连接处采取必要的防护措施。

禁止生产或者使用有毒、有害物质的单位将其生产、使用的用水管网系统与城市公共供水管网系统直接连接。

第十九条　禁止任何单位和个人在城市公共供水管道上直接装泵抽水。对水质、水压有特殊要求并自行采取措施加压的用户，必须设置中间水池间接加压。

第二十条　城市供水公共设施，从取水口至进户总水表（含进户总水表）由城市供水企业维护和管理；从进户总水表至用户的供水设施由所有者或者管理者负责维护和管理。

城市供水行政主管部门应当对城市供水设施的管理和维护实施监督、检查。

第二十一条　城市供水管道及其附属设施的建设必须与其他各项基础设施和公共设施建设相衔接。在规定的城市供水输配管道及其附属设施的地面和地下的安全保护范围内，禁止从事下列活动：

（一）修建建筑物、构筑物；

（二）开沟挖渠或者挖坑取土；

（三）打桩或者顶进作业；

（四）其他损坏城市供水设施或者危害城市供水设施安全的活动。

在供水输配管道及其附属设施的上下或者两侧埋设其他地下管线的，应当符合国家和省有关技术标准和规范，并遵守管线工程规划和施工管理的有关规定。

第二十二条　涉及城市供水设施的建设工程，建设单位或者施工单位应当在开工前向城市供水企业查明地下供水管网情况；影响城市供水设施安全的，建设单位或者施工单位应当与城市供水企业商定相应的保护措施，并组织实施。

第二十三条　任何单位和个人未经依法批准，不得改装、迁移或拆除公共供水设施。

工程建设确需改装、迁移或拆除公共供水设施的，建设单位应当在申请建设工程规划许可证前，报经县级以上城市供水行政主管部门审核批准，并采取相应的补救措施。

第二十四条　城市供水企业安装的计费水表，由城市供水企业负责统一管理和维护，任何单位和个人不得擅自拆卸、启封；不得围压、堆占、掩埋。

第二十五条　城市消防用水设施实行专用，除火警用水外，任何单位和个人不得动用。因特殊情况确需动用的，必须征得城市供水企业的同意，并报公安消防部门批准。

城市公共消火栓由城市供水企业负责安装和维修管理，公安消防部门负责监督检查。

第四章　城市供水经营和运行管理

第二十六条　城市供水企业应当建立健全水质检测制度，定期检验水源、出厂水和管网水的水质，防止二次污染，确保供水水质符合国家规定的标准。公共供水企业必须确保供水水质符合国家规定的饮用水卫生标准。

城市供水、卫生行政主管部门应当按照各自职责，对公共供水全过程进行监督、检查。

第二十七条　城市供水企业应当在供水输配管网上设立供水水压测压点，确保供水水压符合国家和省规定的标准。

城市供水行政主管部门应当对供水水压进行监督、检查。

第二十八条　城市供水企业或者供水设施的所有者应当按照各自职责，对供水设施进行检修、清洗和消毒，确保供水设施正常、安全运行。

第二十九条　城市供水企业或者供水设施的所有者应当按照规定的供水水压标准，保持不间断供水，不得擅自停止供水。

因供水工程施工或者供水设施检修等原因，确需临时停止供水或者降低供水水压的，应在临时停止供水或者降低供水水压前24小时通知用户，并向城市供水行政主管部门报告。

因发生灾害或者紧急事故，无法提前通知的，应当在抢修的同时通知用户，尽快恢复正常供水，并报告城市供水行政主管部门。

连续超过24小时不能恢复正常供水的，城市供水企业应当采取必要的应急供水措施，保证居民生活用水的需要。

前款规定的通知用户方式应当采取直接书面通知或其他易于用户知晓的方式。

第三十条　城市公共供水设施抢修时，有关单位和个人应当给予支持和配合。对影响抢修作业的设施或其他物件，施工单位可以采取必要的处置措施，同时通知产权所有者，事后应当及时恢复原状、给予适当补偿。应当给予补偿的，由城市供水企业与产权所有者依法协商解决。

第三十一条 供水企业应当实行一户一表计量制，计量到户。

城市供水企业按用户计量水表的计量和水价标准收取水费。

用户应当按照合同约定缴纳水费。逾期不缴纳的，供水企业可以催缴，并可按照合同约定对用户收取违约金。

第三十二条 城市供水按照用水性质和用途实行分类、分级计价，鼓励用户节约用水。

城市供水水价的确定和调整，按价格管理权限和程序进行，城市供水企业不得自行确定和调整水价。城市供水水价管理办法，由省价格行政主管部门会同省有关行政主管部门制定，并应当向社会公布。

第三十三条 城市供用水双方应当签订供用水合同，明确双方的权利与义务。

第三十四条 禁止城市用水用户有下列行为：

（一）盗用城市供水；

（二）擅自向其他单位或者个人转供公共供水；

（三）擅自改变用水性质和用途。

第三十五条 城市供水企业使用的供水设备、供水管材、供水器具和水化学处理剂应当符合国家标准；国家尚没有制定统一标准的，应当符合地方标准。

禁止生产、销售和使用不符合标准的供水设备、供水管材、用水器具和水化学处理剂。

城市供水、质量技监、卫生等行政主管部门应当对供水设备、供水管材、用水器具和水化学处理剂的开发和使用依法进行监督、检查。

第三十六条 城市人民政府应当因地制宜采取有效措施，推广和采用先进节水型工艺、节水型生活用水器具，降低城市供水管网漏失率，提高生活用水效率。

第五章 法律责任

第三十七条 城市供水企业违反本办法规定，有下列行为之一的，由城市供水行政主管部门予以处罚：

（一）供水水质不符合国家规定标准的，责令其改正，可处以5000元以上3万元以下的罚款；

（二）供水水压不符合国家规定标准的，责令其改正，可处以5000元以上2万元以下的罚款；

（三）擅自停止供水或者未履行停水通知义务的，责令其改正，可处以1000元以上1万元以下的罚款；

（四）未按规定对供水设施进行检修、清洗、消毒或者在供水设施发生故障后，未在规定时间内组织抢修的，责令其改正，可处以2000元以上2万元以下的罚款。

有前款所列行为之一，情节严重的，经县级以上人民政府批准，可以责令其停业整顿；造成损失的，赔偿损失；对负有直接责任的国有企业主管人员和其他负有直接责任的国有企业人员，由其所在单位或者上级机关给予行政或纪律处分。

第三十八条 违反城市供水规划未经批准兴建供水工程的，由城市供水行政主管部门责令其停止违法行为，可处以5000元以上3万元以下的罚款；对负有直接责任的国有企业主管人员和其他负有直接责任的国有企业人员，由其所在单位或者上级机关给予行政或纪律处分。

第三十九条　违反本办法规定，有下列行为之一的，由城市供水行政主管部门责令其改正，可处以 500 元以上 3 万元以下的罚款；造成损失的，赔偿损失；对负有直接责任的国有企业主管人员和其他负有直接责任的国有企业人员，由其所在单位或者上级机关给予行政或纪律处分：

（一）损坏供水设施或者危害供水设施安全的；

（二）涉及供水设施的建设工程施工时，未按规定的技术标准和规范施工或者未按规定采取相应的保护或者补救措施的；

（三）擅自改装、迁移、拆除公共供水设施或者虽经批准但未采取相应补救措施的；

（四）擅自将自建设施供水管网系统与城市公共供水管网系统连接的；

（五）将生产或者使用有毒、有害物质的生产用水管网系统与公共供水管网系统直接连接的。

有前款第（三）、（四）、（五）项所列行为之一，情节严重的，经县级以上人民政府批准，可以在一定时间内对其停止供水。

第四十条　违反本办法规定，有下列行为之一的，由城市供水行政主管部门予以处罚：

（一）盗用公共供水的，责令其改正，补交公共供水水费，可处以 1000 元以上 1 万元以下的罚款；

（二）擅自转供公共供水的，责令其改正，可处以 200 元以上 5000 元以下的罚款；

（三）在城市公共供水管道上直接装泵抽水的，责令其改正，可处以 200 元以上 5000 元以下的罚款；

（四）未经批准擅自通过消防专用供水设施用水的，责令其改正，可处以 500 元以上 1000 元以下的罚款；

（五）阻挠或者干扰供水设施抢修工作的，责令其改正，可处以 200 元以上 5000 元以下的罚款。

未按合同约定缴纳水费的，责令其补缴所欠水费，并按合同约定支付违约金。

有第一款第（一）、（二）、（三）、（四）项所列行为之一的和第二款行为的，经县级以上人民政府批准，可以在一定时间内对其停止供水。

第四十一条　城市供水管理人员玩忽职守、滥用职权、徇私舞弊的，由其所在单位或者上级机关给予行政处分。

第四十二条　违反本办法规定，构成犯罪的，由司法机关依法追究刑事责任。

第六章　附则

第四十三条　相关名词解释：

（一）城市公共供水是指城市供水企业以公共供水管道及其附属设施向城乡单位和居民的生活、生产和其他各项建设提供用水。

（二）自建设施供水是指城市的用水单位以其自行建设的供水管道及其附属设施向本单位的生活、生产和其他各项建设提供用水。

（三）城市供水企业是指从事城市原水供水、公共供水（包括二次供水）和自建设施供水的企业。

第四十四条 乡（镇）村供水、用水及其管理活动，可以参照本办法执行。

第四十五条 本办法自公布之日起施行。1999 年 1 月 15 日省人民政府发布的《浙江省城市供水管理办法》（省政府令第 109 号）同时废止。

附录五 《绍兴市城市供水管理办法》

绍兴市人民政府令第 60 号

第一条 为了加强城市供水管理，发展城市供水事业，保障城市生活、生产用水和其他各项建设用水，保障供水企业和用户的合法权益，根据《城市供水条例》、《浙江省城市供水管理办法》等有关法规、规章的规定，结合本市实际，制定本办法。

第二条 在本市市区范围内从事城市供水工作和使用城市供水，应当遵守本办法。

第三条 城市供水工作坚持开发保护水源和计划用水、节约用水相结合，实行统一规划、优化资源配置。

第四条 优先发展城市公共供水，加强城市供水科学技术研究，推广先进技术，提高城市供水的现代化水平。

第五条 市供水行政主管部门负责市区城市供水管理工作。

环保、卫生、价格、质量技术监督、水行政等主管部门应按照各自职责，协助市供水行政主管部门共同做好城市供水管理工作。

第六条 市城市规划行政主管部门应当会同有关部门根据城市建设和社会发展需要编制城市供水发展规划，并将其纳入城市总体规划。

第七条 市水行政、环保、卫生和供水等行政主管部门按照国家有关规定，划定饮用水水源保护区，经市人民政府批准后公布，并对饮用水水源实施保护和管理。对跨市的饮用水水源保护区，按照国家有关规定进行保护和管理。

市人民政府在饮用水水源保护区范围内设置保护标志，任何单位和个人未经批准不得毁坏和移动。

在饮用水水源保护区内，禁止一切污染水质的活动。

第八条 城市供水工程的建设，应当按照城市供水发展规划及其年度建设计划执行。城市公共供水管道及附属设施的建设应当与城市规划区范围内的道路等各项基础设施和公共设施同步建设。

第九条 城市供水工程的设计、施工和监理应当由持有相应资质证书的单位承担，并遵守国家有关技术标准和规范。

禁止无证或超越资质证书规定的经营范围承担城市供水工程的设计、施工和监理任务。

第十条 城市供水工程竣工后，应当按照国家有关规定组织验收；未经验收或验收不合格的，不得投入使用。

第十一条 城市新建、改建、扩建工程项目需要增加用水的，其工程项目总概算应当包括供水工程建设投资。

第十二条 实际用水地点在城市公共供水管网覆盖范围以外，无法使用城市公共供水，确需自建设施供水的，应当经有关行政主管部门批准后方可建设。

在城市公共供水管网覆盖范围内的自建设施供水，要逐步核减许可取水量，直至完全取消。

第十三条　供水企业从事城市供水经营活动，必须依法经有关行政主管部门批准。国家对供水企业从事供水活动另有规定要求的，从其规定。

第十四条　供水企业应当建立、健全水质检测制度，设立符合国家规定的水质检验采样点，定期检验水源水、出厂水和管网水水质，确保供水水质符合国家规定的饮用水卫生标准。

用户对水质有特殊要求的，应当自行进行特殊处理。

第十五条　二次供水设施选址、设计、施工及所用材料，应保证不使饮用水水质受到污染，并有利于清洗和清毒，各类蓄水设施应加强卫生防护，定期清洗和清毒。

第十六条　供水企业应当按照国家有关规定设置管网测压点，做好水压监测工作，确保供水管网的压力符合国家和省规定的标准。

第十七条　在供水系统正常运行的情况下，供水企业应当保持不间断供水。因工程施工、设施检修等原因确需临时停止供水或者降低供水水压的，应当提前二十四小时通知用户；因发生灾害或者紧急事故，不能提前通知的，应当在抢修的同时通知用户，尽快恢复正常供水。

供水设施抢修时，有关单位和个人应当给予支持和配合，不得阻扰或者干扰抢修工作进行，有关手续可在抢修结束后补办。

第十八条　使用公共供水不能间断供水的用户，应当自建贮水设备或采取其他保障措施；对水压有特殊要求而确需使用加压设备的用户，应通过贮水设备或采取其他隔离保障措施进行加压。

第十九条　供水企业与用户应当签订《供用水合同》，明确双方的权利和义务。用户要求改变用水性质，进行更名、过户与销户等变更的，应向供水企业办理有关手续。

第二十条　供水企业应按约定期限抄表。由于用户原因造成不能抄见水表的，供水企业可根据该用户前六个月中的最高月用水量估算当月用水量；如用户在三个月内不能解决妨碍抄表问题的，供水企业不退还多估水费；用户实际用水量超过估算用水量的，用户应按实际用水量支付水费。若遇水表故障的，供水企业可根据用户前三个月平均用水量计收水费。

第二十一条　用户应当按照规定的计量标准和水价标准按时交纳水费。用户接到水费缴纳通知单之日起十五日内不交纳水费的，按应交纳水费额每日加收千分之五的滞纳金。用户无正当理由连续两次不缴纳水费的，供水企业可依据合同规定对其停止供水，但应当提前五天通知用户。

第二十二条　水费结算以结算水表数据为准，结算水表由法定检验机构按有关规定进行检定。用户对结算水表计量准确性有异议的，可依法申请检定。经检定，误差超过规定标准的，当月按验表结果核收水费，并免交其他费用；误差在规定标准以内的，用户除缴纳正常水费外，还应承担验表及水表复装所必需的费用。

第二十三条　供水企业可根据用户实际用水情况调整结算水表口径。用户全月平均小时用水量低于其结算水表最小流量时，供水企业可根据供用水合同规定改小结算水表口径，并由用户承担相应的工料费。

第二十四条　用户无正当理由连续六个月以上停止用水的，供水企业可拆除结算水表并对其销户。用户要求复装的，应当重新办理用水手续。

第二十五条　因城市房屋拆迁要求停止供水的，由房屋拆迁人负责办理用水销户手续，并与供水企业结清被拆迁人应付水费。房屋拆迁人在结清水费后可向被拆迁人追偿。

房屋产权或企业产权发生变更时，变更双方应明确水费支付责任并办妥用水过户手续。

第二十六条　城市供水价格实行政府定价。城市供水价格的制定和调整，由供水企业向市价格行政主管部门提出书面申请，经价格行政主管部门按规定权限和程序依法审核批准后实施。

城市供水服务项目的价格标准，由市价格行政主管部门依法核定。

第二十七条　市政、园林与环卫等部门因作业确需用水的，应向供水企业办理用水手续，由供水企业合理设置专用供水设施。各使用部门应按规定向供水企业缴纳水费。

第二十八条　禁止擅自改变用水性质、偷盗或者向其他单位和个人转供城市公共供水。

第二十九条　供水企业对其取水口、泵站、净水厂和配水管网等设施应定期检查维修，确保安全运行。

第三十条　城市供水设施管理、维护责任以结算水表为分界点进行划分：

（一）结算水表以前（含结算水表）靠近水源侧的供水设施由城市供水企业负责；

（二）结算水表以后（不含结算水表）靠近用户侧的供水设施由用户负责，也可由用户有偿委托供水企业承担。

第三十一条　在城市公共供水设施安全保护范围内，禁止从事下列活动：

（一）建造永久或临时建筑物、构筑物；

（二）开挖沟渠或者挖坑取土；

（三）打桩或者顶进作业；

（四）其他可能损坏供水设施或危及供水设施安全的活动。

城市公共供水设施的安全保护范围确定应当遵守国家有关给水设计规范的要求。接入市区的公共供水主管道及其附属设施的地面和两侧安全保护范围为：口径 1000 毫米以上、不满 1400 毫米管道两侧各 5 米，口径 1400 毫米以上、不满 1800 毫米管道两侧各 6 米，口径 1800 毫米以上管道两侧各 8 米。

第三十二条　涉及城市供水设施的建设工程，建设单位或者施工单位应当在开工前向城市供水企业查明地下供水管网情况，可能影响城市供水设施安全的，建设单位或者施工单位应当与城市供水企业商定相应的保护措施，并组织实施。

第三十三条　任何单位和个人不得擅自改装、迁移或者拆除城市公共供水设施。工程建设确需改装、迁移或者拆除城市公共供水设施的，建设单位应当在申请工程规划许可证前，与供水企业商定相应补救措施，报经市供水行政主管部门批准。

第三十四条　市区新建住宅的供水应实行"一户一表、计量出户"，对管网压力条件允许的新建住宅，可利用城市供水管网直接供水。未实行"一户一表、计量出户"的住宅要按有关规定进行"一户一表、计量出户"改造。

第三十五条　由用户自行建设的结算水表前供水设施，其设计方案应征得供水企业同意；施工过程中，供水企业应加强检查、监督。供水设施经供水企业验收合格并移交其统一管理后方可投入使用。

建设单位建设结算水表后用水设施的，应通知供水企业参加其设计图纸会审，用水设施必须按有关规范进行冲洗、消毒与水压试验。

第三十六条　自建供水系统的用户不得擅自将内部自建供水设施与城市公共供水管道相连接。

禁止生产或者使用有毒、有害物质单位的生产用水管网系统及设备与城市公共供水管网系统直接连接。

第三十七条　禁止在城市公共供水管网上直接装泵抽水或者在与城市公共供水管网直接相联的用户用水设施上装泵抽水。

第三十八条　公共消火栓为消防专用，禁止任何单位或个人损坏、擅自启用公共消火栓。

第三十九条　使用城市公共供水的单位，应根据国家有关规定设置内部消防自救系统，供水企业对其内部消防自救系统采用间接供水。

确需利用城市公共供水直接作为单位内部消防系统水源的，应征得供水企业同意，订立消防用水合同并支付相应费用。消防用水管线应与其正常生产、生活用水管线相分离，无火警不得启用消火栓。

第四十条　供水管材、设备、净水剂、用水器具及其他与饮用水接触的材料应当符合国家标准，国家尚未制定统一标准的，应当符合地方或行业标准。

禁止生产、销售和使用不符合标准或明令淘汰的供水管材、设备、净水剂、用水器具及其他与饮用水接触的材料。

第四十一条　违反本办法规定的，由有关行政主管部门依法进行处罚，构成犯罪的，依法追究刑事责任。

第四十二条　城市供水管理人员玩忽职守、滥用职权、徇私舞弊的，由其所在单位或上级机关给予行政处分；构成犯罪的，依法追究刑事责任。

第四十三条　本办法自2003年5月1日起施行，1996年8月30日绍兴市人民政府颁布的《绍兴市城市供水管理办法》同时废止，各县（市）的城镇供水管理可参照本办法执行。

附录六　《城市供水价格管理办法》

计价格【1998】1810号

第一章　总则

第一条　为规范城市供水价格，保障供水、用水双方的合法权益，促进城市供水事业发展，节约和保护水资源，根据《中华人民共和国价格法》和《城市供水条例》，制定本办法。

第二条　本办法适用于中华人民共和国境内城市供水价格行为。

第三条　城市供水价格是指城市供水企业通过一定的工程设施，将地表水、地下水进行必要的净化、消毒处理，使水质符合国家规定的标准后供给用户使用的商品水价格。

污水处理费计入城市供水价格，按城市供水范围，根据用户使用量计量征收。

第四条　县级以上人民政府价格主管部门是城市供水价格的主管部门。县级以上城市供水行政主管部门按职责分工，协助政府价格主管部门做好城市供水价格管理工作。

第五条　城市供水价格按照统一领导、分级管理的原则，实行政府定价，具体定价权限按价格分工管理目录执行。

制定城市供水价格，实行听证会制度和公告制度。

第二章　水价分类与构成

第六条　城市供水实行分类水价。根据使用性质可分为居民生活用水、工业用水、行政事业用水、经营服务用水、特种用水等五类。各类水价之间的比价关系由所在城市人民政府价格主管部门会同同级城市供水行政主管部门结合本地实际情况确定。

第七条　城市供水价格由供水成本、费用、税金和利润构成。成本和费用按国家财政主管部门颁发的《企业财务通则》和《企业会计准则》等有关规定核定。

（一）城市供水成本是指供水生产过程中发生的原水费、电费、原材料费、资产折旧费、修理费、直接工资、水质检测、监测费以及其他应计入供水成本的直接费用。

（二）费用是指组织和管理供水生产经营所发生的销售费用、管理费用和财务费用。

（三）税金是指供水企业应交纳的税金。

（四）城市供水价格中的利润，按净资产利润率核定。

第八条　输水、配水等环节中的水损可合理计入成本。

第九条　污水处理成本按管理体制单独核算。

第三章　水价的制定

第十条　制定城市供水价格应遵循补偿成本、合理收益、节约用水、公平负担的原则。

第十一条　供水企业合理盈利的平均水平应当是净资产利润率8%－10%。具体的利润水平由所在城市人民政府价格主管部门征求同级城市供水行政主管部门意见后，根据其不同的资金来源确定。

（一）主要靠政府投资的，企业净资产利润率不得高于6%。

（二）主要靠企业投资的，包括利用贷款、引进外资、发行债券或股票等方式筹资建设供水设施的供水价格，还贷期间净资产利润率不得高于12%。

还贷期结束后，供水价格应按本条规定的平均净资产利润率核定。

第十二条　城市供水应逐步实行容量水价和计量水价相结合的两部制水价或阶梯式计量水价。

容量水价用于补偿供水的固定资产成本。计量水价用于补偿供水的运营成本。

两部制水价计算公式如下：

1. 两部制水价＝容量水价＋计量水价；
2. 容量水价＝容量基价×每户容量基数；
3. 容量基价＝（年固定资产折旧额＋年固定资产投资利息）/年制水能力；
4. 居民生活用水容量水价基数＝每户平均人口×每人每月计划平均消费量；
5. 非居民生活用水容量水价基数为：前一年或前三年的平均用水量，新用水单位按审定后的用水量计算；

6. 计量水价＝计量基价×实际用水量；

7. 计量基价＝成本＋费用＋税金＋利润－（年固定资产折旧额＋年固定资产投资利息）/年实际售水量；

第十三条　城市居民生活用水可根据条件先实行阶梯式计量水价。

阶梯式计量水价可分为三级，级差为1∶1.5∶2。

阶梯式计量水价计算公式如下：

1. 阶梯式计量水价＝第一级水价×第一级水量基数＋第二级水价×第二级水量基数＋第三级水价×第三级水量基数；

2. 居民生活用水计量水价第一级水量基数＝每户平均人口×每人每月计划平均消费量；

具体比价关系由所在城市人民政府价格主管部门会同同级供水行政主管部门结合本地实际情况确定。

第十四条　居民生活用水阶梯式水价的第一级水量基数，根据确保居民基本生活用水的原则制定；第二级水量基数，根据改善和提高居民生活质量的原则制定；第三级水量基数，根据按市场价格满足特殊需要的原则制定。具体各级水量基数由所在城市人民政府价格主管部门结合本地实际情况确定。

第十五条　以旅游业为主或季节性消费特点明显的地区可实行季节性水价。

第十六条　城市非居民生活用水实行两部制水价时，应与国务院及其所属职能部门发布的实行计划用水超计划加价的有关规定相衔接。

第十七条　污水处理费的标准根据城市排水管网和污水处理厂的运行维护和建设费用核定。

第十八条　供水企业在未接管居民小区物业管理等单位的供水职责之前，应对居民小区物业管理等临时供水单位实行趸售价格。趸售价格在不改变居民生活用水价格的前提下由供水企业与临时供水单位协商议定，报所在城市人民政府价格主管部门备案。双方对临时供水价格有争议的，由所在城市人民政府价格主管部门协调。

第四章　水价申报与审批

第十九条　符合以下条件的供水企业可以提出调价申请：

（一）按国家法律、法规合法经营，价格不足以补偿简单再生产的。

（二）政府给予补贴后仍有亏损的。

（三）合理补偿扩大再生产投资的。

第二十条　城市供水企业需要调整供水价格时，应向所在城市人民政府价格主管部门提出书面申请，调价申报文件应抄送同级城市供水行政主管部门。城市供水行政主管部门应及时将意见函告同级人民政府价格主管部门，以供同级价格主管部门统筹考虑。

第二十一条　城市供水价格的调整，由供水企业所在的城市人民政府价格主管部门审核，报所在城市人民政府批准后执行，并报上一级人民政府价格和供水行政主管部门备案。必要时，上一级人民政府价格主管部门可对城市供水价格实行监审。监审的具体办法由国务院价格主管部门规定。

第二十二条　城市价格主管部门接到调整城市供水价格的申报后，应召开听证会，邀请人大、政协和政府各有关部门及各界用户代表参加。听证会的具体办法由国务院价格主管部门另行下达。

第二十三条　城市供水价格调整方案实施前，由所在城市人民政府向社会公告。

第二十四条　调整城市供水价格应按以下原则审批：

（一）有利于供水事业的发展，满足经济发展和人民生活需要。

（二）有利于节约用水。

（三）充分考虑社会承受能力。理顺城市供水价格应分步实施。第一次制定两部制水价时，容量水价不得超过居民每月负担平均水价的三分之一。

（四）有利于规范供水价格，健全供水企业成本约束机制。

第二十五条　对城市供水中涉及用户特别是带有垄断性质的供水设施建设、维护、服务等主要项目（如用户管网配套、增容、维修、计量器具安装），劳务及重要原材料、设施等价格标准，应由所在城市人民政府价格主管部门会同同级城市供水行政主管部门核定。

<h2 style="text-align:center">第五章　水价执行与监督</h2>

第二十六条　城市中有水厂独立经营或管网独立经营的，允许不同供水企业执行不同上网水价，但对同类用户，必须执行同一价格。

第二十七条　城市供水应实行装表到户、抄表到户、计量收费。

第二十八条　城市供水行政主管部门应当对各类量水、测水设施实行统一管理，加强供水计量监测，完善供水计量监测设施。

第二十九条　混和用水应分表计量，未分表计量的从高适用水价。

第三十条　用户应当按照规定的计量标准和水价标准按月交纳水费。接到水费通知单15日内仍不交纳水费的，按应交纳水费额每日加收5‰的滞纳金。没有正当理由或特殊原因连续两个月不交水费的，供水企业可按照《城市供水条例》规定暂停供水。

第三十一条　供水企业的供水水质、水压必须符合《生活饮用水卫生标准》和《城市供水企业资质管理规定》的要求。因水质达不到饮用水标准，给用户造成不良影响和经济损失的，用户有权到政府价格主管部门、供水行政主管部门、消协或司法部门投诉，供水企业应当按照《城市供水条例》规定，承担相应的法律责任。

第三十二条　用户应根据所在城市人民政府的规定，在交纳水费的同时，交纳污水处理费。

第三十三条　各级城市供水行政主管部门要逐步建立、健全城市供水水质监管体系，加强水质管理，保证安全可靠供水。

县级以上人民政府价格主管部门应当加强对本行政区域内城市供水价格执行情况的监督检查，对违反价格法律、法规、规章及政策的单位和个人应依法查处。

<h2 style="text-align:center">第六章　附则</h2>

第三十四条　本办法所称"城市"，按《中华人民共和国城市规划法》规定，是指国家按行政建制设立的直辖市、市、镇。

第三十五条　本办法由国务院价格主管部门负责解释。

第三十六条　各省、自治区、直辖市人民政府价格主管部门应会同同级城市供水行政主管部门根据本办法制定城市供水价格管理实施细则。

城市供水价格管理办法

计价格【1998】1810 号

第一章　总则

第一条　为规范城市供水价格，保障供水、用水双方的合法权益，促进城市供水事业发展，节约和保护水资源，根据《中华人民共和国价格法》和《城市供水条例》，制定本办法。

第二条　本办法适用于中华人民共和国境内城市供水价格行为。

第三条　城市供水价格是指城市供水企业通过一定的工程设施，将地表水、地下水进行必要的净化、消毒处理，使水质符合国家规定的标准后供给用户使用的商品水价格。

污水处理费计入城市供水价格，按城市供水范围，根据用户使用量计量征收。

第四条　县级以上人民政府价格主管部门是城市供水价格的主管部门。县级以上城市供水行政主管部门按职责分工，协助政府价格主管部门做好城市供水价格管理工作。

第五条　城市供水价格按照统一领导、分级管理的原则，实行政府定价，具体定价权限按价格分工管理目录执行。

制定城市供水价格，实行听证会制度和公告制度。

第二章　水价分类与构成

第六条　城市供水实行分类水价。根据使用性质可分为居民生活用水、工业用水、行政事业用水、经营服务用水、特种用水等五类。各类水价之间的比价关系由所在城市人民政府价格主管部门会同同级城市供水行政主管部门结合本地实际情况确定。

第七条　城市供水价格由供水成本、费用、税金和利润构成。成本和费用按国家财政主管部门颁发的《企业财务通则》和《企业会计准则》等有关规定核定。

（一）城市供水成本是指供水生产过程中发生的原水费、电费、原材料费、资产折旧费、修理费、直接工资、水质检测、监测费以及其他应计入供水成本的直接费用。

（二）费用是指组织和管理供水生产经营所发生的销售费用、管理费用和财务费用。

（三）税金是指供水企业应交纳的税金。

（四）城市供水价格中的利润，按净资产利润率核定。

第八条　输水、配水等环节中的水损可合理计入成本。

第九条　污水处理成本按管理体制单独核算。

第三章　水价的制定

第十条　制定城市供水价格应遵循补偿成本、合理收益、节约用水、公平负担的原则。

第十一条　供水企业合理盈利的平均水平应当是净资产利润率 8%～10%。具体的利润水平由所在城市人民政府价格主管部门征求同级城市供水行政主管部门意见后，根据其不同的资金来源确定。

（一）主要靠政府投资的，企业净资产利润率不得高于 6%。

（二）主要靠企业投资的，包括利用贷款、引进外资、发行债券或股票等方式筹资建设供水设施的供水价格，还贷期间净资产利润率不得高于 12%。

还贷期结束后，供水价格应按本条规定的平均净资产利润率核定。

第十二条　城市供水应逐步实行容量水价和计量水价相结合的两部制水价或阶梯式计

量水价。

容量水价用于补偿供水的固定资产成本。计量水价用于补偿供水的运营成本。

两部制水价计算公式如下：

1. 两部制水价＝容量水价＋计量水价；

2. 容量水价＝容量基价×每户容量基数；

3. 容量基价＝（年固定资产折旧额＋年固定资产投资利息）/年制水能力；

4. 居民生活用水容量水价基数＝每户平均人口×每人每月计划平均消费量；

5. 非居民生活用水容量水价基数为：前一年或前三年的平均用水量，新用水单位按审定后的用水量计算；

6. 计量水价＝计量基价×实际用水量；

7. 计量基价＝成本＋费用＋税金＋利润－（年固定资产折旧额＋年固定资产投资利息）/年实际售水量；

第十三条　城市居民生活用水可根据条件先实行阶梯式计量水价。

阶梯式计量水价可分为三级，级差为1：1.5：2。

阶梯式计量水价计算公式如下：

1. 阶梯式计量水价＝第一级水价×第一级水量基数＋第二级水价×第二级水量基数＋第三级水价×第三级水量基数；

2. 居民生活用水计量水价第一级水量基数＝每户平均人口×每人每月计划平均消费量；

具体比价关系由所在城市人民政府价格主管部门会同同级供水行政主管部门结合本地实际情况确定。

第十四条　居民生活用水阶梯式水价的第一级水量基数，根据确保居民基本生活用水的原则制定；第二级水量基数，根据改善和提高居民生活质量的原则制定；第三级水量基数，根据按市场价格满足特殊需要的原则制定。具体各级水量基数由所在城市人民政府价格主管部门结合本地实际情况确定。

第十五条　以旅游业为主或季节性消费特点明显的地区可实行季节性水价。

第十六条　城市非居民生活用水实行两部制水价时，应与国务院及其所属职能部门发布的实行计划用水超计划加价的有关规定相衔接。

第十七条　污水处理费的标准根据城市排水管网和污水处理厂的运行维护和建设费用核定。

第十八条　供水企业在未接管居民小区物业管理等单位的供水职责之前，应对居民小区物业管理等临时供水单位实行趸售价格。趸售价格在不改变居民生活用水价格的前提下由供水企业与临时供水单位协商议定，报所在城市人民政府价格主管部门备案。双方对临时供水价格有争议的，由所在城市人民政府价格主管部门协调。

第四章　水价申报与审批

第十九条　符合以下条件的供水企业可以提出调价申请：

（一）按国家法律、法规合法经营，价格不足以补偿简单再生产的。

（二）政府给予补贴后仍有亏损的。

（三）合理补偿扩大再生产投资的。

第二十条　城市供水企业需要调整供水价格时，应向所在城市人民政府价格主管部门提出书面申请，调价申报文件应抄送同级城市供水行政主管部门。城市供水行政主管部门应及时将意见函告同级人民政府价格主管部门，以供同级价格主管部门统筹考虑。

第二十一条　城市供水价格的调整，由供水企业所在的城市人民政府价格主管部门审核，报所在城市人民政府批准后执行，并报上一级人民政府价格和供水行政主管部门备案。必要时，上一级人民政府价格主管部门可对城市供水价格实行监审。监审的具体办法由国务院价格主管部门规定。

第二十二条　城市价格主管部门接到调整城市供水价格的申报后，应召开听证会，邀请人大、政协和政府各有关部门及各界用户代表参加。听证会的具体办法由国务院价格主管部门另行下达。

第二十三条　城市供水价格调整方案实施前，由所在城市人民政府向社会公告。

第二十四条　调整城市供水价格应按以下原则审批：

（一）有利于供水事业的发展，满足经济发展和人民生活需要。

（二）有利于节约用水。

（三）充分考虑社会承受能力。理顺城市供水价格应分步实施。第一次制定两部制水价时，容量水价不得超过居民每月负担平均水价的三分之一。

（四）有利于规范供水价格，健全供水企业成本约束机制。

第二十五条　对城市供水中涉及用户特别是带有垄断性质的供水设施建设、维护、服务等主要项目（如用户管网配套、增容、维修、计量器具安装），劳务及重要原材料、设施等价格标准，应由所在城市人民政府价格主管部门会同同级城市供水行政主管部门核定。

第五章　水价执行与监督

第二十六条　城市中有水厂独立经营或管网独立经营的，允许不同供水企业执行不同上网水价，但对同类用户，必须执行同一价格。

第二十七条　城市供水应实行装表到户、抄表到户、计量收费。

第二十八条　城市供水行政主管部门应当对各类量水、测水设施实行统一管理，加强供水计量监测，完善供水计量监测设施。

第二十九条　混合用水应分表计量，未分表计量的从高适用水价。

第三十条　用户应当按照规定的计量标准和水价标准按月交纳水费。接到水费通知单15日内仍不交纳水费的，按应交纳水费额每日加收5‰的滞纳金。没有正当理由或特殊原因连续两个月不交水费的，供水企业可按照《城市供水条例》规定暂停供水。

第三十一条　供水企业的供水水质、水压必须符合《生活饮用水卫生标准》和《城市供水企业资质管理规定》的要求。因水质达不到饮用水标准，给用户造成不良影响和经济损失的，用户有权到政府价格主管部门、供水行政主管部门、消协或司法部门投诉，供水企业应当按照《城市供水条例》规定，承担相应的法律责任。

第三十二条　用户应根据所在城市人民政府的规定，在交纳水费的同时，交纳污水处理费。

第三十三条　各级城市供水行政主管部门要逐步建立、健全城市供水水质监管体系，加强水质管理，保证安全可靠供水。

县级以上人民政府价格主管部门应当加强对本行政区域内城市供水价格执行情况的监督检查，对违反价格法律、法规、规章及政策的单位和个人应依法查处。

第六章　附则

第三十四条　本办法所称"城市"，按《中华人民共和国城市规划法》规定，是指国家按行政建制设立的直辖市、市、镇。

第三十五条　本办法由国务院价格主管部门负责解释。

第三十六条　各省、自治区、直辖市人民政府价格主管部门应会同同级城市供水行政主管部门根据本办法制定城市供水价格管理实施细则。

参 考 文 献

［1］ 王烨. 电力营销稽核指南 ［M］. 北京：中国电力出版社，2009.

［2］ 四川省电力公司. 供电企业营销稽查工作手册 ［M］. 北京：中国电力出版社，2010.

参考文献